高职专科现代造纸技术专业系列教材

# 纸张颜料涂布技术

主 编 云 娜
参 编 卢诗强

华南理工大学出版社
SOUTH CHINA UNIVERSITY OF TECHNOLOGY PRESS
·广州·

图书在版编目(CIP)数据

纸张颜料涂布技术/云娜主编. —广州:华南理工大学出版社,2024.12
ISBN 978-7-5623-7485-5

Ⅰ. ①纸… Ⅱ. ①云… Ⅲ. ①涂布加工-高等职业教育-教材 Ⅳ. ①TS758

中国国家版本馆 CIP 数据核字(2023)第 229998 号

**纸张颜料涂布技术**

云 娜 主编

出 版 人:房俊东
出版发行:华南理工大学出版社
（广州五山华南理工大学 17 号楼,邮编 510640）
http://hg.cb.scut.edu.cn　　E-mail:scutc13@scut.edu.cn
营销部电话:020-87113487　87111048（传真）

策划编辑:吴翠微
责任编辑:洪婉婷　刘　锋
责任校对:伍佩轩
印　刷　者:广州小明数码印刷有限公司

开　本:787mm×960mm　1/16　印张:10　字数:183 千
版　次:2024 年 12 月第 1 版　印次:2024 年 12 月第 1 次印刷
定　价:48.00 元

版权所有　盗版必究　　印装差错　负责调换

# 前　言

随着科学技术的进步及人们生活水平的不断提升，涂布加工纸的生产量逐年增加，质量要求也在不断提高。在这一过程中，纸张颜料涂布技术扮演着十分重要的角色，这亦对相关技术人才提出了更高的要求。

深感于此，我们组织编写了这本《纸张颜料涂布技术》。编者秉持"前沿、专业、实用"的宗旨，结合自身在纸张颜料涂布技术教学、科研及生产领域的多年经验，在本书中系统介绍了纸张颜料涂布技术的基本生产过程。为适应高职院校培养目标的要求，本书既具有一定的理论深度，又具有较高的实用性，并力求全面体现纸张颜料涂布技术的现状和发展趋势。本书既可作学习教材为现代造纸技术专业学生所用；也可以作为参考用书，满足专业技术人员的一般需求。

本书共11章，参加本书编写工作的编者及分工如下：第1~9章和第11章由广东轻工职业技术大学云娜教授编写，第10章由珠海红塔仁恒包装股份有限公司卢诗强工程师编写，全书由云娜教授统稿。为充分展现内容的先进性，本书在编写的过程中参考和引用了部分相关的著作和期刊论文，相应来源已逐一列于书后，在此谨向这些参考文献的作者们表示诚挚的感谢！

由于编者水平有限，书中难免存在疏漏和错误，恳请广大读者批评指正。

编　者

2024年7月

# 目 录

1 颜料涂布纸生产概述 ……………………………………………………… 1
  1.1 纸张颜料涂布简介 …………………………………………………… 1
  1.2 涂料的组成 …………………………………………………………… 4
  1.3 涂布的主要工艺 ……………………………………………………… 4
  1.4 涂布纸和纸板的品种 ………………………………………………… 6
  思考题 ……………………………………………………………………… 11
2 颜料涂布纸及其原纸 ……………………………………………………… 12
  2.1 含机械木浆涂布纸及其原纸 ………………………………………… 12
  2.2 不含机械木浆涂布纸及其原纸 ……………………………………… 19
  思考题 ……………………………………………………………………… 25
3 涂布用颜料 ………………………………………………………………… 26
  3.1 颜料的概述 …………………………………………………………… 26
  3.2 高岭土 ………………………………………………………………… 32
  3.3 研磨碳酸钙 …………………………………………………………… 36
  3.4 沉淀碳酸钙 …………………………………………………………… 39
  3.5 滑石 …………………………………………………………………… 43
  3.6 二氧化钛 ……………………………………………………………… 46
  3.7 石膏 …………………………………………………………………… 50
  3.8 塑胶颜料 ……………………………………………………………… 52
  思考题 ……………………………………………………………………… 55
4 涂布用胶黏剂 ……………………………………………………………… 56
  4.1 概述 …………………………………………………………………… 56
  4.2 胶乳 …………………………………………………………………… 58
  4.3 淀粉 …………………………………………………………………… 60
  4.4 豆酪素 ………………………………………………………………… 65
  4.5 聚乙烯醇 ……………………………………………………………… 68

4.6 羧甲基纤维素 …… 71
4.7 生物胶乳 …… 73
思考题 …… 75

## 5 涂料添加剂 …… 76
5.1 分散剂 …… 76
5.2 抗水剂 …… 80
5.3 润滑剂 …… 84
5.4 光学增白剂 …… 85
5.5 泡沫控制剂 …… 87
5.6 防腐剂 …… 89
思考题 …… 91

## 6 涂料的制备 …… 92
6.1 涂料制备工艺 …… 92
6.2 颜料的分散 …… 93
6.3 胶黏剂的加工 …… 94
6.4 添加剂的添加 …… 98
6.5 涂布机涂料供应系统 …… 100
思考题 …… 101

## 7 涂布技术 …… 102
7.1 涂布头 …… 102
7.2 涂布机 …… 114
思考题 …… 117

## 8 纸张涂层的干燥 …… 118
8.1 红外干燥 …… 118
8.2 空气干燥 …… 123
8.3 烘缸干燥 …… 124
思考题 …… 125

## 9 涂布纸的整饰 …… 126
9.1 机外涂布纸压光 …… 126
9.2 机外涂布纸预压光 …… 127
思考题 …… 131

## 10 涂布纸物理指标及常见纸病 …… 132
10.1 涂布纸物理指标 …… 132
10.2 常见纸病 …… 138

思考题 …………………………………………………………………… 140
11　实验室实训项目 ………………………………………………………… 141
　11.1　颜料的分散 ………………………………………………………… 141
　11.2　涂料的配制和评价 ………………………………………………… 145
　11.3　纸张涂布 …………………………………………………………… 148
参考文献 …………………………………………………………………… 150

# 1 颜料涂布纸生产概述

## 学习要点

- 涂料的组成
- 涂布的主要工艺
- 涂布纸和纸板的品种

## 学习目标

- 了解颜料涂布纸的定义
- 理解涂布的作用
- 掌握涂料的组成
- 了解涂布主要工艺
- 了解涂布纸和纸板的品种

## 1.1 纸张颜料涂布简介

据统计，目前全球纸张的种类多达12000余种，其中各类加工纸占比超过80%。公元105年，蔡伦改进了造纸术。随后不久，加工纸的生产便相继开始。至唐宋时期，纸张生产已十分盛行。纸张用涂布机进行颜料涂布，可追溯到19世纪50年代，即在第一台长网造纸机发明后的约50年。最初的涂布机是刷式涂布机，顾名思义，它是用刷子进行涂刷，用高岭土等颜料涂布来生产壁纸。直到19世纪90年代，世界上第一台用于生产铜版纸的设备才出现。从最初的这些尝试开始到如今，纸张颜料涂布已经发展成最具前途和活力的大型科技工业之一，而且，涂布纸在世界文化用纸市场上份额的增长速度已超过了非涂布纸。目前，全世界有许多各类用途的涂布纸，其中，颜料涂布纸的应用最为广泛。

颜料涂布纸是将以高岭土、碳酸钙、硫酸钡或二氧化钛等白色颜料为主体，与不同胶黏剂及其他化学添加剂调制成的涂料，按一定量均匀地涂布在原纸或纸板表面而生产出来的高质量纸张（图1-1）。

图1-1　颜料涂布纸

1. 纸张颜料涂布的定义及作用

纸张颜料涂布是指以原纸为基础材料，在上面施加涂层的工艺。涂层的主要成分为矿物颜料（如高岭土、碳酸钙等）、胶黏剂（如淀粉、合成胶乳等）、水及少量的化学添加剂。

涂布可填平凹坑并覆盖原纸表面（图1-2），大大增加纸张的平滑度，改善纸张的印刷性能，增加纸张的附加值。因此，质量高的纸和纸板都是经涂布处理过的。

2. 颜料涂布纸的结构

颜料涂布纸主要是由原纸和覆盖在原纸表面的涂料层组成，主要有两种结构：涂料层+原纸纤维层（图1-3a），以及涂料层+原纸纤维层+涂料层（图1-3b）。其中，原纸纤维层是根据涂布纸质量和加工适应性要求而特制的纸张。涂料层主要有水、颜料、胶黏剂和少量的化学添加剂等。

# 1 颜料涂布纸生产概述

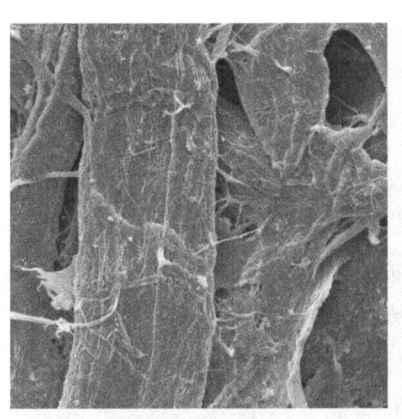 

(a) 未涂布纸表面　　　　　　(c) 涂布纸表面

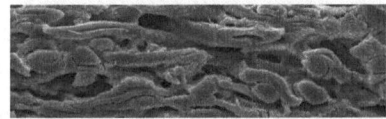 

(b) 未涂布纸表面横断面　　　(d) 涂布纸表面横断面

图 1-2　纸张表面及其横断面的电子扫描显微镜图像

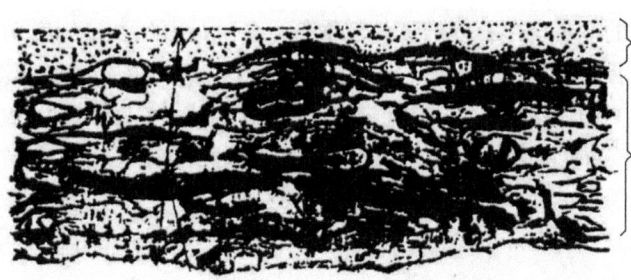

(a) 涂料层+原纸纤维层

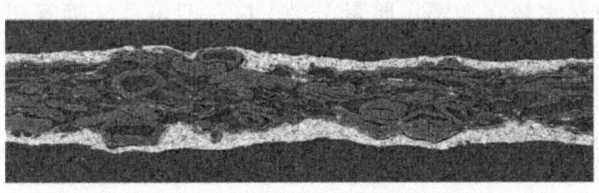

(b) 涂料层+原纸纤维层+涂料层

图 1-3　颜料涂布纸的结构

## 1.2 涂料的组成

涂布用涂料主要由颜料、胶黏剂、添加剂和水组成。

1. 颜料

颜料是涂料中最主要的成分。在一种涂料中，可以有一种或几种颜料，颜料一般占干固形物的 80%～95%（质量分数）。并且颜料通常是来源于不同产地的矿物，最常用的是高岭土（或称瓷土）和碳酸钙，有时也使用合成颜料。涂布用颜料一般是非常细小的颗粒，其粒径几乎都小于 10 μm。

2. 胶黏剂

涂料中另外一种重要成分是胶黏剂。胶黏剂一般由两种胶黏剂混合组成，其主要作用是像胶水一样将颜料粒子互相黏结在一起，并将其黏结到原纸上。胶黏剂一般占干固形物量的 5%～20%（质量分数）。胶黏剂可影响涂料的黏度和流动性。常用的胶黏剂有淀粉、丁苯胶乳等。

3. 添加剂

除了颜料和胶黏剂外，涂料一般还含有各种有着不同作用的添加剂，其占比一般低于干固形物的 2%（质量分数），含量较少。常用的添加剂有分散剂（协助颜料分散）、pH 值控制剂（调节 pH 值，如 NaOH）、泡沫控制剂（阻止或减少泡沫）、流变保水剂（CMC 等）、润滑剂（起润滑作用，如协助涂料压光）、抗水剂（使涂料的水溶性组分具有抗水性）、杀菌剂（对涂料进行杀菌）、荧光增白剂（增加白度）等。

4. 水

水是涂料的基本成分，其作用是使涂料各种成分很好地混合，并使涂料均匀分散地涂覆在原纸上；随着水分从涂层的蒸发，而使涂料固化。涂料仅需含流动性所必需的水量，即含水量在 30%（质量分数）左右即可，经换算可知涂料中的干固形物含量可高达 70%（质量分数）左右。

## 1.3 涂布的主要工艺

涂布工艺主要可分为四个阶段：①涂料的制备；②涂料的施涂和计量；③涂层的干燥；④涂布纸产品的整饰。

1. 涂料的制备

涂料的制备一般是在俗称的"涂布厨房"中进行的,涂料制备的基本过程如图 1-4 所示。

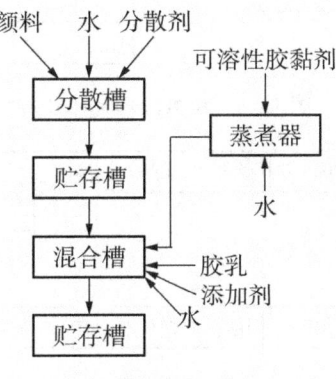

图 1-4 涂料制备的基本过程

首先在分散槽中采用分散剂将矿物颜料在水中分散开来。分散的颜料将进入一个贮存槽,再进入颜料混合槽中,此时加入涂料的其他组分:①可溶性胶黏剂。可溶性胶黏剂通常为天然或合成高分子,如淀粉、羧甲基纤维素(CMC)、聚乙烯醇(PVA)或蛋白质。在某些情况下,可以不加可溶性胶黏剂。②分散胶黏剂。分散胶黏剂也称作胶乳。典型的胶乳是分散在水中的共聚物,如苯乙烯-丁二烯(SB)、聚乙酸乙烯酯(PVAc)和丙烯酸。使用这类胶乳,可以不加可溶性胶黏剂。③各类添加剂。如润滑剂、湿强剂、泡沫控制剂等。然后在涂料转移至贮存槽后再加入 pH 控制剂,将体系调至合适的 pH 值。

2. 涂料的施涂和计量

一张纸有两面,按纸张涂布的面数,涂布可以分为单面涂布和两面涂布。印刷用纸通常是两面施涂,包装用纸板则常常只涂单面。

按纸张每面涂布的层数,涂布可以分为单层涂布和多层涂布。单层涂布是指纸张的一面只涂有一层涂料,多层涂布是指在纸张的一面涂有多层涂料,最常见的多层涂布是双层涂布。如果印刷质量要求很严格,则纸张的每一面一般需涂有多层涂料。因此印刷方法的不同在很大程度上决定了对纸张的要求,如铜版纸可能是三层涂布。

按涂布站所在的位置,涂布可以分为机内涂布和机外涂布。机内涂布是原纸抄成后立即就涂布,涂布站是造纸机的一部分,没有中间卷纸工序。机外涂布是指在原纸经抄纸机处理之后进行卷纸,卷纸时去除有纸病的纸,然后在独立涂布机中进行涂布。机外涂布的简单流程及生产线的平面布置简图分别如图 1-5 和

图1-6所示。

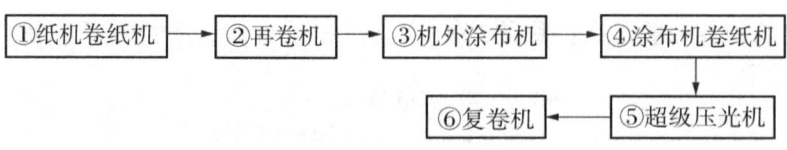

图1-5 机外涂布简单流程

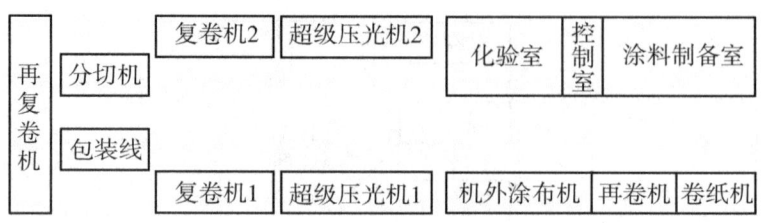

图1-6 机外涂布生产线的平面布置简图

根据涂布设备是否与原纸直接接触，纸张颜料涂布的方法一般可分为接触式涂布和非接触式涂布。接触式涂布有上涂方式（辊式上涂、喷射上涂、短驻留上涂）和计量方式（刮刀、气刀、棒）的不同组合，以及膜式涂布和干燥涂布（实验室范围，尚未工业化）。非接触式涂布有帘式涂布、喷雾涂布。

3. 涂层的干燥

施涂与计量后就是干燥阶段，此阶段通常有三种应用较广泛的干燥方法，按工艺流程先后顺序依次为：①红外干燥（infrared drying），可用电或燃气加热；②空气干燥（air drying），从干燥装置内侧的几排喷嘴对着纸页两侧吹风，涂料被固定，即失去流动性，干透后，碰触辊子或烘缸不会再黏在上面；③烘缸干燥（cylinder drying），可调节涂层最终水分含量。

4. 涂布纸产品的整饰

将所需涂布的单层或数层涂层数涂于纸上后，就用卷纸机将涂布纸卷起来进行整饰，整饰方法有超级压光和软压光等。超级压光可优化并提升涂布纸的平滑度和光泽性能，但往往会使涂布纸的厚度、挺度、不透明度下降。软压光处理则不会使纸的厚度下降太多，可用于纸板的生产。

在复卷机中，将大纸卷分切成小纸卷，这些纸卷可直接送给客户或在工厂的切纸工段切成平纸板。

## 1.4 涂布纸和纸板的品种

涂布纸产品可分为涂布纸和涂布纸板两大类。

## 1.4.1 涂布纸的品种

涂布纸可分为含机械木浆涂布纸和不含机械木浆涂布纸。

1. 含机械木浆涂布纸

含机械木浆纸主要由磨木浆或其他机械木浆制成，如低定量涂布纸（light weight coated paper，简称 LWC 纸）和中定量涂布纸（medium weight coated paper，简称 MWC 纸）。

2. 不含机械木浆涂布纸

不含机械木浆涂布纸（wood free paper，简称 WF 纸），也称高级细纸（fine paper）。其原纸只由化学浆或含很少量（不超过纤维总量的 10%）的机械木浆制成，如铜版纸（art paper）。

## 1.4.2 涂布纸板的品种

涂布纸板根据其最终用途可分为多个品种，其中最大量的纸板是包装类纸板。包装类纸板又分为：盒纸板（内包装纸板）、箱纸板（外包装纸板）和特种纸板（包装以外的其他用途），详见图 1-7。

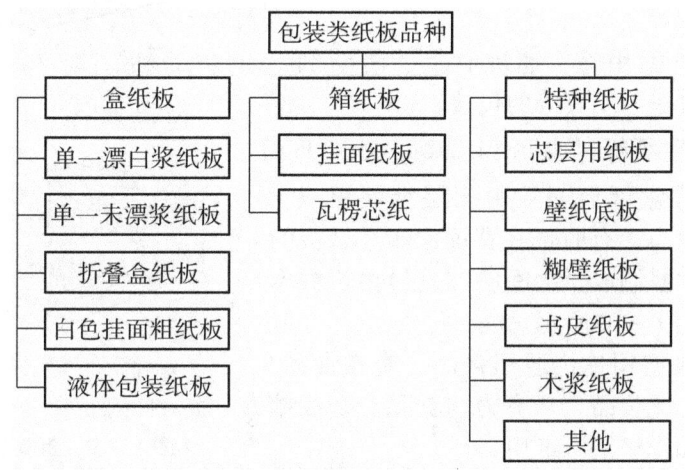

图 1-7 包装类纸板的品种

#### 1.4.2.1 盒纸板

盒纸板是指经涂布处理过的多层纸板，定量范围为 $180\sim500\ g/m^2$。根据最终用途和造纸用纤维原料的区别，盒纸板又分为以下几种：

1. 单一漂白浆纸板(solid bleached board，SBB)

单一漂白浆纸板又称全漂硫酸盐浆(solid bleached sulphate，SBS)纸板，全漂硫酸盐浆纸板由一至三层纸层组成。各层均由100%漂白硫酸盐木浆制成。大多在面层涂布一层或多层矿物颜料或合成(如聚乙烯树脂，即PE)颜料，背面常涂布一层，如图1-8所示。

SBS纸板由于其卫生、干净、无味，常用于对气味敏感的物品如化妆品、卷烟、速冻食品、巧克力与糖果等的包装。

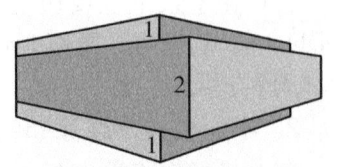

1—涂布层；2—漂白化学浆层

图1-8 全漂硫酸盐浆纸板

2. 单一未漂浆纸板(solid unbleached board，SUB)

典型单一未漂浆纸板由未漂化学浆制成，大多在面层涂布两到三层矿物颜料或合成颜料。有时制备时用废纸浆代替未漂化学浆，如图1-9所示。

SUB的典型用途：速冻食品、清洁剂、谷类食物、鞋子、玩具等的包装。

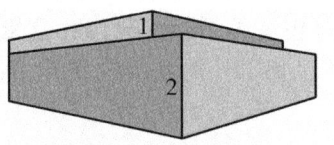

1—涂布层；2—未漂白化学浆层

图1-9 单一未漂浆纸板

3. 折叠盒纸板(folding boxboard，FBB)

涂布折叠盒纸板一般由三层纸层组成。一般在正面涂布，有时也在背面涂布。纸板的外层由漂白木浆制成，中间层(芯层)由机械木浆制成，如图1-10所示。

FBB的典型用途：通用食品、速冻食品、药品、卷烟、化妆品、巧克力与糖果、蜜饯糖果等的包装和作壁纸原纸用。

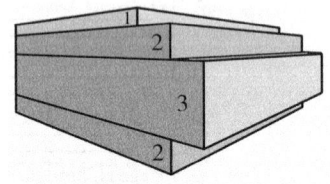

1—涂布层；2—漂白化学浆层；
3—机械浆层

图1-10 折叠盒纸板

4. 白色挂面粗纸板(white lined chipboard，WLC)

涂布白色挂面粗纸板一般由三层或四层纸层组成，各层一般均由废纸纤维制成，有时面层用漂白化学木浆制成。大多在面层涂布两到三层涂料，背面涂布一层涂料，如图1-11所示。

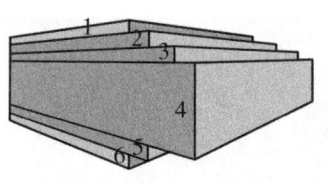

1—两到三层涂布层；
2—白色废纸浆层；
3—废纸浆衬层；
4—一层或多层混合废纸浆层；
5—白色废纸浆层；
6—背涂层

图1-11 白色挂面粗纸板

WLC 的典型用途：通用非食品类、卷烟、蜜饯糖果、洗衣粉、玩具等的包装。

5. 液体包装纸板(liquid packaging board，LPB)

液体包装纸板一般由一至三层纸层组成，具有高挺度、高湿强度和良好的阻隔性能。定量一般为 $150 \sim 350\ g/m^2$。其通常由未漂硫酸盐木浆制成，有时各层或仅面层由漂白木浆制成，中间层含化学热磨机械浆(CTMP)，目的是改善纸张松厚度和挺度。通常，LPB 与其他材料组合使用构建起不同的产品性能如和聚乙烯(PE)一起提供防水性能；和铝(Al)一起提供阻隔光和氧气的性能；

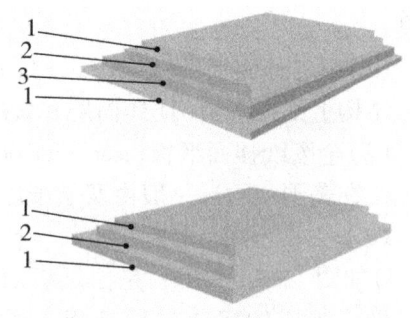

1—聚乙烯层；2—纸板层；3—阻隔层

图1-12 液体包装纸板

LPB/PE/Al 复合层主要用于牛奶和果汁的无菌包装(图1-12)，使这些产品的保质期超过 6 个月。

LPB 的典型用途：液体包装、饮料工业(如利乐包)、饮料杯、快餐食品盒等。

### 1.4.2.2 箱纸板（container board）

箱纸板是世界上产量最大的纸种，每年产量超过 1 亿吨。

箱纸板是纸板的一种，特指生产瓦楞纸板(corrugated board，如图1-13所示)后再加工成瓦楞包装箱(corrugated container)的原材料。定量一般为 $100 \sim 300\ g/m^2$。瓦楞纸板主要包括两部分：挂面纸板(liner board)和瓦楞芯纸(corrugating medium 或 fluting medium)。

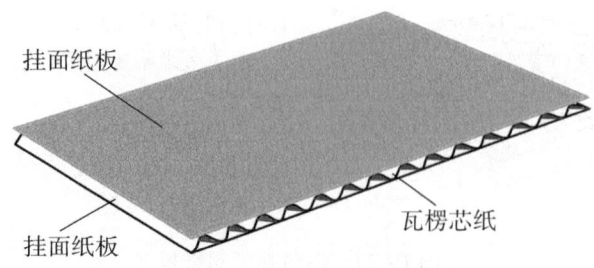

图 1–13 瓦楞纸板

1. 挂面纸板

挂面纸板用作瓦楞纸板的外层。根据所使用原料的不同，可分为以下三种类型：

（1）牛皮挂面纸板（kraft liner board）。牛皮挂面纸板一般由未漂化学木浆制成；结构上则一般由两层（面层和背层）纸层组成。

（2）全废纸挂面纸板（test liner board）。全废纸挂面纸板由废纸纤维制成；结构上，在美国和欧洲一般由两层纸层组成，在亚洲则有三层或四层的纸层。

（3）白面挂面纸板（white top liner board）如图 1–14 所示，是白纸板面层由漂白纸浆制成的多层挂面纸板，可使装饰的瓦楞纸箱具有完全白色的外观。常见的白面挂面纸板基本上是牛皮箱纸板或废纸箱纸板，分别被称为白面牛皮挂面纸板（white top kraftliner board）和白面废纸挂面纸板（white top testliner board）。

图 1–14 白面挂面纸板

挂面纸板传统上是不涂布的，但是近年来在多种最终用途中也有涂布产品的出现。

2. 瓦楞芯纸

瓦楞芯纸的主要生产原料有废纸浆（recycled paper pulp，在欧洲称作 wellenstoff）、半化学浆（semichemical pulp）或两者的混合。目前新建的瓦楞芯纸生产线，基本上都是以废纸浆为主要生产原料。

1.4.2.3 特种纸板

特种纸板包括芯层用纸板、壁纸底板、糊壁纸板、书皮纸板、木浆纸板及其他。

# 思考题

1. 试着画一张涂布纸的横截面图。涂布纸的涂布量以及涂布层厚度一般为多少？纸张涂料中的颜料粒子一般有多大？

2. 试着写一个纸张涂布配方，并讨论如何在制备涂料的过程中使用这个配方。

# 2 颜料涂布纸及其原纸

**学习要点**

- 含机械木浆涂布纸及其原纸的定义及性能
- 不含机械木浆涂布纸及其原纸的定义及性能

**学习目标**

- 了解低定量涂布纸的性能
- 了解铜版纸的性能
- 理解低定量涂布纸的运行性能要求
- 掌握影响涂布纸原纸性能的主要因素

本单元分别以低定量涂布纸为例,介绍含机械木浆涂布纸;以铜版纸为例,介绍不含机械木浆涂布纸。

一般认为,涂布纸的质量以及加工性能,与原纸、涂料性能、涂布工艺和涂料的干燥及控制成函数关系。为了获得最佳效果,所有这些因素都要加以优化。其中,原纸是涂料的载体,是涂布纸的基材,且在多数情况下,原纸是涂布纸最终成品的主要成分(50%~80%)。因此,本单元还将详细介绍这两类颜料涂布纸的原纸。

## 2.1 含机械木浆涂布纸及其原纸

生产常用的含机械木浆涂布纸是低定量涂布纸(light weight coated paper,简称 LWC 纸),其定量范围为 $51 \sim 65 \text{ g/m}^2$,每面涂布 $6 \sim 12 \text{ g/m}^2$。低于 $51 \text{ g/m}^2$ 的纸通常称为超低定量涂布纸(ultra light weight coated paper,简称 UWLC 纸)或低低定量涂布纸(light light weight coated paper,简称 LLWC 纸)。当然,总趋势是

使用更低的定量,但目前商业上最低定量是 $39 \sim 42 \text{ g/m}^2$。

生产 LWC 纸的浆料通常由 50%～70% 低游离度机械浆与 30%～50% 作为骨干浆的长纤维化学浆组成。

主要用途:对图像等有高质量印刷要求的杂志、产品目录、广告印刷品等的原料。

### 2.1.1 LWC 纸

#### 2.1.1.1 LWC 纸的运行性能要求

纸张应具有较好的运行性能,避免在生产过程中断纸。为控制 LWC 纸的运行性能,其应满足以下要求:

(1)纸的强度要够高:包括撕裂度、抗张强度、破裂强度等;

(2)纸的均一性要好:纸的非均一性构成因素如孔洞、浆道、褶子、不良匀度、纤维束等方面的干扰将增加生产过程中断纸的可能性;

(3)纸的伸长率要好:由于印刷过程中动态应力容易引发疲劳破坏,造成断纸,因此纸料必须有良好的伸长率。

#### 2.1.1.2 LWC 纸的印刷性能要求

LWC 纸通常采用两种印刷方法:胶版印刷和轮转凹版印刷。两种印刷方法对 LWC 纸的要求分别如下。

1. 胶版印刷对 LWC 纸的要求

(1)纸张应具有良好表面强度:胶版印刷要求纸张有足够的表面强度,这样可以防止印刷过程中细小纤维与粉尘在胶辊上积聚,进而影响印刷图像的质量,并可能印刷机因需经清洗而被迫中断生产流程。

(2)纸张的 $Z$ 向强度和透气度应与纸张水分相协调:纸张的 $Z$ 向强度(即厚度方向的强度)和透气度需要与纸张的水分含量相匹配,避免涂布纸在印刷过程中出现起泡现象。

(3)纸张的横向尺寸应具较好的稳定性:胶印过程中,纸张的横向尺寸稳定性很重要。如果纸张在此方向上的尺寸变化较大,印刷时套准精度可能会受影响,导致印刷效果有偏差。

(4) 纸张应具有良好平滑度和印刷光泽度：多色胶印要求纸张具有高平滑度和一定的光泽度，以保持印刷图像的清晰度。水分可能会使纸页表面变得粗糙，降低光泽度，影响最终的印刷效果。

(5) 纸张应具有足够高的挺度：纸张需要有足够的挺度，以便在高速胶印机上进行顺畅的传输和印刷，同时也保证印刷完成后的产品能有良好的质感。

2. 轮转凹版印刷的要求

(1) 纸张的结构应密实：避免低黏度的油墨过深地渗入纸内，从而影响涂料的光泽度，并出现透印的风险。具体而言，轮转凹版印刷所使用的油墨通常具有较低的黏度，这意味着油墨可能会更容易渗入纸张内部。如果纸张结构不够密实，油墨可能会过度渗透，这不仅会影响涂料的光泽度，还可能导致透印，即油墨从纸张的一侧渗透到另一侧，造成背面不清晰。

(2) 纸张应具有极好的印刷平滑度与可压缩性：在轮转凹版印刷中，纸张必须与凹印辊筒紧密接触，以实现清晰的印刷效果。纸张的平滑度对于确保油墨均匀转移至关重要。此外，纸张还需要具有一定的可压缩性，这样在高压辊的压力下，纸张可以更好地适应凹版辊筒的表面，从而实现更精确的油墨转移，印刷出更清晰的图像。

3. 以上两种印刷方法对LWC纸的相同要求

无论是胶版印刷还是轮转凹版印刷，它们对纸张的一些基本要求是相同的，这些要求对于实现最佳的印刷效果而言至关重要。

(1) 较好的白度：较高的白度可以使得印刷成品的色彩更加鲜艳、对比度更强，特别是在需要实现高质量彩色印刷的情况下。

(2) 较好的不透明度：高不透明度可以防止透印，确保印刷品的背面不会出现不应有的阴影或颜色，这对于双面印刷尤为重要。

(3) 较好的光泽度：良好的光泽度可以增强印刷图像的清晰度和色彩饱和度表现力，使得印刷品更加吸引人。对于需要高视觉冲击力的商业印刷品，如杂志广告和高质量的产品目录，光泽度尤其重要。

(4) 良好的匀度：匀度好的纸张可以保证印刷过程中油墨实现均匀转移，减少因纸张质量问题导致的印刷缺陷。

(5) 良好的平整度：良好的纸张表面平整程度有助于减少油墨在印刷过程中的"跳动"和偏移，从而提高印刷精度和图像质量。

## 2.1.2 LWC 纸原纸

### 2.1.2.1 LWC 纸原纸的性能

对涂布纸而言，原纸的性能十分重要；涂布纸的定量越低，原纸的性能越重要，其对产品纸质量的影响越大。如 LWC 纸质量的 80% 左右取决于原纸性能。涂布工艺一般将强化原纸的缺陷，而不是掩盖其缺陷。下面是原纸最重要的性能（定量与纸种决定其重要性的顺序）：

① 全幅（定量、厚度、水分）分布；
② 孔洞；
③ 无杂质；
④ 强度（抗张、撕裂）；
⑤ 粗糙度；
⑥ 匀度；
⑦ 透气度、孔隙分布；
⑧ 不透明度、白度；
⑨ 挺度。

### 2.1.2.2 影响 LWC 原纸性能的主要因素

影响原纸性能的主要因素包括生产原纸的原材料和造纸生产过程。

1. 原纸的原材料

生产 LWC 原纸所用的原材料有：① 化学木浆（骨干浆）；② 机械木浆；③ 损纸；④ 填料；⑤ 淀粉。下面分别阐述这几种原材料对原纸的影响。

1）化学木浆（骨干浆）

LWC 原纸中的化学木浆配比约为 50%，比起其他机械木浆纸（如新闻纸、超级压光纸），LWC 原纸需要更多的骨干长纤维浆，这意味着化学木浆决定了 LWC 原纸的许多性能。如原纸的强度和结构便是主要依赖于化学木浆的性能。在 LWC 原纸中，化学木浆也是最重要的成本因素，因此，要注意控制原纸中的化学木浆用量。

2）机械木浆

机械木浆是影响 LWC 原纸功能特性和结构的最重要原料组分。根据制造方法的不同，机械木浆可分为：磨石磨木浆(stone ground wood pulp，SGW)、压力磨木浆(pressurized ground wood pulp，PGW)、热磨机械浆(thermo-mechanical pulp，TMP)、化学热磨机械浆(chemi-thermo-mechanical pulp，CTMP)等。

机械木浆的特点如下：①浆料中只有部分纤维具有与原纤维相等的长度；②含有大量的细小纤维；③含有大量的裂断纤维与纤维碎片，且纤维挺硬、难以弯折。

不同方法生产的机械浆在特性上也有不同之处，具体见表2-1。

表2-1 不同机械浆的特点

| 特性 | 机械浆类别 | | | |
|---|---|---|---|---|
| | SGW | PGW | TMP | CTMP |
| 纤维断裂难易程度（高温度下不易断裂） | 易 | 较易 | 不易 | 不易 |
| 纤维碎片（最有害的纤维粒子） | 多，部分是短木条 | 纤维束或两三根长纤维的聚集物，不易筛除 | | 纤维柔韧，有较高的抗张强度 |
| 纤维长度分布 | 纤维长度较短，长纤维被断裂和细纤维化 | 纤维长度较短 | 长纤维比例是SGW的2~4倍，纤维较挺硬且不易细纤维化 | 纤维柔韧，有较高的抗张强度 |
| 白度 | 高 | 较高 | 低 | 较高 |

3) 损纸

损纸是原纸生产中的第三个重要组分，一般是从各个生产阶段收集而来。按经涂布与否，损纸可分为未涂布损纸和已涂布损纸。未涂布损纸一般由用于原纸生产的全部材料组成：机械浆、化学浆、填料和其他添加剂。已涂布损纸还另外含有涂布颜料、胶黏剂和用于涂布的其他添加剂。在某些生产线中，损纸用量可能为原浆料用量的20%~30%。

由损纸制成的浆往往不同于原浆，因为它已经经历了一个抄纸循环。对化学浆来说，其键结合能力降低；而对于机械浆而言，其键结合能力和纤维柔韧性增加。

涂布后损纸对纸机运行性能的影响：由于其填料全部由涂布损纸的颜料组

成，而颜料的平均粒子规格小于填料的粒径，留着率一般较低；颜料表面的活性组分还可能使阴离子电荷的数量增加，从而导致在纸浆机运行需要的助留剂更多；由于许多涂布用添加剂是疏水性的，可形成聚集物和沉淀，使纸机运行性能受到影响。在多品种纸机上，损纸的成分与相应浓度波动可在网部产生负面影响，如造成定量、留着率和匀度的波动。

4）填料

LWC 原纸填料质量分数一般在 4%～5% 之间，其中 25%～100% 来自涂布后或未涂布的损纸。在多数原纸生产线中，加入新填料可以更好地控制原纸生产情况和纸张质量。较重要的填料有：高岭土、滑石粉、碳酸钙、二氧化钛。与纤维浆相比，填料具有以下优势：价格更便宜（尽可能保持高填料量）、密度更高、粒径明显较小、硬度较高、无键结合能力（强度性能降低）、吸水性较低、伸长率与湿变较低（可改善尺寸稳定性）、光吸收性较低和光散射性较高（可改善原纸白度和不透明度，最佳粒径应该是可见光波长的一半）。

5）淀粉

淀粉一般用于改善原纸抗张强度与 $Z$ 向强度，其效用与半纤维素相当，具有可通过氢键将纤维结合在一起的能力。但淀粉的添加将削弱纸张的不透明度、平滑度和压缩性；不利于压缩部脱水。

用于内部施胶的淀粉通常是阳离子淀粉，淀粉的阳离子基团倾向于固定到阴离子纤维上，从而将填料与细小纤维填充进纸页，起到助留剂的作用。淀粉中阳离子基团越多，其替代程度越高，产生的结合键就越多。水循环中，电导率、钙离子硬度和阴离子垃圾的增加，会使纤维上淀粉的吸收受其抑制，但是当体系 pH 值较高时，淀粉吸收性则增加。

2. 造纸生产过程

1）流浆箱

纸机流浆箱决定原纸的横向分布，由流浆箱造成的纸浆横向分布不均匀将很难在后续流程中进行补救。所生产的原纸匀度也取决于流浆箱的操作和网部射流喷浆的状况。

2）成型器

成型器是纸机的重要组成部分，因为原纸将在此形成绝大多数的 $Z$ 向特性和表面特性。目前，夹网成型器使得原纸纸机的运行速度实现显著性增加，新型多层成型器在单独控制填料与细小纤维的分布上具有更大的可能性。

3）湿压榨

湿压榨的压区数量、脱水方向影响纸页的 $Z$ 向密度分布、微孔分布和纸页的键结合。例如，纸页在压区中脱水方向是一个或两个时，其相应的密度分布状况是不同的，水从一个方向脱除，纸页密度有明显的两面差；水从两个方向脱除，纸幅得到承托，有可能减少纸页密度的两面差。

4）干燥

干燥使纸张在 $X-Y$ 方向的收缩受到限制，造成了在纸页中的内应力，使张力增加，但撕裂度、抗张力能量吸收（TEA）和伸长率会减少。涂布用原纸的水分含量一般都会在经干燥处理后达到3%以下，由于经干燥处理后的原纸水分含量较低，归一化张力松弛是很重要的。例如，在引纸时，原纸应调节至不同的张力峰值。

5）压光

涂布前的预压光处理，有助于降低原纸的粗糙度容量（决定涂布量和涂布厚度）和纸张厚度（影响挺度），压缩纸的纤维絮片。经预压光处理纸页在涂布过程中，其润胀程度将大于未压光纸页，且有更多的纤维变粗。因此，预压光可提高涂布后纸张的平滑度和光泽度。

原纸的压光一般在双辊纸机压光机中进行，目的是控制纸张平滑度以及保持原纸松厚度的情况下匀整与控制厚度波动。

### 2.1.3 原纸对涂布的影响

#### 2.1.3.1 原纸对涂布运行性能的影响

这里讲的运行性能主要是指纸张通过涂布系统的顺利程度。在涂布过程中，润湿了的纸页将受到高剪切作用而被拉紧，因而要求原纸应有均一而充分的强度。另外，纸张在厚度、定量、水分和吸收性方面的均一性也很重要。

薄型原纸的孔隙分布和针孔可造成涂布机的额外停机（涂料穿透纸页，玷污背辊，就需要额外清洗），从而降低涂布效率。

原纸的物理性缺陷（孔洞、杂质、裂边等）应尽可能少，其中塑料被看作是最危险的杂质，同时原纸生产过程其他尘土杂质的进入也应被避免。

## 2 颜料涂布纸及其原纸

#### 2.1.3.2 原纸对涂布覆盖率的影响

原纸的粗糙度、可压缩性、吸收性和透气性、匀度等会对其涂布覆盖率产生影响。

(1)粗糙度。刮刀涂布中,刮刀在纸张的最高点上运作。纸张粗糙度越高,在相同刮刀压力作用下,留在纸上的涂料越多。

(2)可压缩性。若原纸是可压缩的,在一定刮刀压力下,涂布量较低。在刮刀松开而相应压力消失后,纤维结构就会出现润胀,纸面上的纤维发生反弹,减少了涂布覆盖率。

(3)平滑度。纸张平滑度一般有一个最佳值。因为在十分粗糙的原纸上,涂布工艺很难获得良好的覆盖率;而如果纸张太光滑,则刮刀压力较低,涂料分布也不好。纸面上的长条、纤维束和粗糙纤维也可使纤维覆盖率降低。

(4)两面性。若原纸两面性不同(如长网成形器生产纸张),正确安排涂布顺序则显得尤为重要,因为第一面涂布将使未涂布的反面变得粗糙,在第二次涂布时就有很大差异。纸张正面与网面所需的涂布量和涂料量可能不同,这意味着在整饰中对涂布纸两面差异的控制将更复杂。

(5)吸收性和透气性。若涂料于原纸中的渗入程度不是太深,涂布覆盖率将好些。但胶黏剂的渗透对原纸涂层与原纸表面之间界面层的强化而言是必需的。应根据纸种与所要求性能,使涂布纸吸收性与透气性处于最佳状态。

(6)匀度。原纸匀度不佳可能使涂层的胶黏剂分布不均,这可能意味着印刷图像将色调不匀。

## 2.2 不含机械木浆涂布纸及其原纸

### 2.2.1 不含机械木浆涂布纸

不含机械木浆涂布纸(也称高级细纸)的定量范围是 $70 \sim 400 \text{ g/m}^2$,而绝大多数该纸种的定量为 $115 \sim 150 \text{ g/m}^2$。其较低定量的不含机械木浆涂布纸在印刷过程中主要使用的是热固着轮转胶印机,纸厂的纸以卷筒形式交货;当这类纸用于杂志、直递邮件和广告等时，纸张的成本和邮寄费很重要，其主要纸种定量从 90 g/m² 开始，最高达 300 g/m²。定量超过 200 g/m² 的纸主要用作封面用纸。小批量高质量的产品在印刷过程中则往往使用单张纸胶印机，这类产品有年报、公司小册子、高质量书籍等。在单张纸胶印中，越来越广泛使用的印刷机是 8～10 色印刷机，这意味纸张两面都可以在相同的控制条件下进行印刷，降低了单张纸胶印机的工作成本，提升了其工作效率。常见的不含机械木浆涂布纸是铜版纸。

主要用途：高级书刊的封面和插图、彩色画片、各种精美的商品广告、样本、商品包装、商标等的印刷用纸。

由前文亦可知，不含机械木浆涂布纸的主要印刷方法是热固着轮转胶印（heatset web offset，HSWO）和单张纸胶印（sheet-fed offset）。热固着轮转胶印以卷筒形式进纸，印刷品数量从大批量到中批量；而单张纸胶印主要以平板纸形式进纸，印刷品数量从中批量到小批量。印刷不含机械木浆涂布纸一般不用凹版印刷，因为凹版印刷制版周期较长、效率较低、成本较高，因此，凹版印刷多用于大批量印刷，而且为使纸张成本和运输成本尽可能低，用于凹版印刷的纸张定量一般都是最低的。

## 2.2.2　不含机械木浆涂布纸原纸

在以往的定义上，不含机械木浆涂布纸中机械木浆的质量分数不可超过 10%。目前，这种限制被取消，大体按其最终用途进行确定。不含机械浆原纸主要含硬木化学浆，其质量分数一般是 60%～80%，有些纸种的硬木化学浆的质量分数可高达 100%；所含软木化学浆的质量分数一般是 0%～40%，目的是提高纸张的强度性能，以保证其在纸机、涂布机和印刷机上能有良好的运行性能。

### 2.2.2.1　纤维

1. 纤维特性

纤维特性影响纸的运行性能和质量性能。化学木浆的不透明度远低于机械木浆，而硬木化学浆的光散射系数又高于软木化学浆。软木化学浆比较细长，因易絮凝而使匀度亦受影响，因此原纸配料中若短纤维化学浆含量高，其匀度将相对较好。广泛使用的硬木浆有桦木浆、桉木浆、混合硬木浆和金合欢木浆。这些木浆的性能由于各自的原木材品种纤维规格和分布不同而有很大的差异。表 2－2

列出了几种木材品种的纤维规格。由表2-2可以看出，1g硬木浆含有7倍于软木浆的纤维数，而硬木浆中，1g桉木浆含有比桦木浆多40%的纤维。这就解释了硬木浆的匀度要比软木浆好的原因。

表2-2 各种木材品种的纤维规格

| 纤维规格 | | 木材品种 | | | | |
|---|---|---|---|---|---|---|
| | | 松木 | 云杉 | 桦木 | 山毛榉 | 桉木 |
| 纤维长度/mm | | 0.8～5.0 | 0.8～5.5 | 0.5～2.2 | 0.4～1.7 | 0.3～1.7 |
| 纤维宽度/μm | | 20～70 | 20～60 | 14～34 | 14～30 | 10～28 |
| 壁厚/μm | | 6 | 5.5 | 5 | 4.5 | 4 |
| 1g纸浆的纤维数 | | $2\times10^6$ | $2\times10^6$ | $10\times10^6$ | $14\times10^6$ | $14\times10^6$ |
| 木材中纤维质量分数/% | 纤维或管胞 | 93 | 95 | 65 | 37 | 65 |
| | 导管 | — | — | 25 | 31 | 17 |
| | 薄壁组织 | 7 | 5 | 10 | 32 | 18 |

### 2. 化学木浆磨浆

化学木浆在配浆前都要经磨浆处理。因为不同纸浆的打浆要求不同，一般对软木浆和硬木浆实施分开磨浆。硬木浆和软木浆磨浆的区别如表2-3所示。

表2-3 硬木浆和软木浆磨浆的区别

| 木浆品种 | 软木浆 | 硬木浆 |
|---|---|---|
| 磨浆程度 | 充分精磨，打浆度高 | 轻磨浆，打浆度低 |
| 磨盘齿片 | 较宽齿片 | 较窄齿片 |

#### 2.2.2.2 填料

填料及颜料的特性与纤维是完全不同的。填料的相对密度大、粒径小（最佳粒径为可见光波长的一半）、硬度大、与纤维结合的能力差、不吸水。

几乎所有生产不含机械木浆涂布纸原纸的纸机所使用的都是中性抄纸系统，允许使用碳酸钙作填料。原纸的填料通常是10%～20%（质量分数）。部分填料来自涂布损纸，部分填料为新鲜填料。由于涂布颜料的粒径小于新鲜填料，控制与保持填料的良好留着率是非常重要的。表2-4列出了不同纸种的典型填料质量分数。

表2-4 不同纸种的典型填料质量分数

| 纸种 | 填料质量分数/% |
|---|---|
| 新闻纸 | 0～12 |
| 含机械木浆未涂布纸 | 0～40 |
| 含机械木浆涂布纸 | 30～50 |
| 不含机械木浆未涂布纸 | 12～28 |
| 不含机械木浆涂布纸 | 25～50 |

增加原纸中填料的含量可以降低生产成本、提高原纸的光学性能；但是填料的存在往往将使原纸的强度性能降低，也可通过优化填料类型以使纸料获得更高的松厚度。原纸两面有相同的填料含量是非常重要的，因为这影响着后续涂布的覆盖率。成型器的类型对 $Z$ 向填料分布影响最大，例如，用夹网成型器可获得最佳效果，而用老式长网成型器则效果最差。

#### 2.2.2.3 胶料

**1. 淀粉**

湿部淀粉的主要原料是马铃薯和谷物淀粉。湿部使用淀粉可改善原纸的内结合强度，同时改进其抗张强度，并起到部分留着作用，但是其亦会使废水的COD含量增加、白度和不透明度下降。多数情况下，淀粉加入量为0.5%～1.5%。

通常湿部淀粉带阳离子电荷，倾向于固着在阴离子纤维上。白水中增加的导电性、$Ca^{2+}$离子含量和阴离子垃圾，将降低淀粉对纤维的吸附程度；较高的pH值环境则将使其吸附性得到提升。

可用纯淀粉溶液或淀粉与颜料的混合溶液对原纸进行表面施胶以提高纸张的表面强度，因部分胶料被吸入纸张结构中，纸张的内结合强度亦可得到提高。表面施胶可改善纸张挺度并降低其吸水性。

**2. AKD 和 ASA**

原纸可使用烷基烯酮二聚体(AKD)或烯基琥珀酸酐(ASA)等易与纤维反应的胶料，使自身疏水性得到提升。两者的比较见表2-5。

表2-5 AKD与ASA的比较

| 胶料 | AKD | ASA |
| --- | --- | --- |
| 适用pH | 中性或碱性系统 | 更广泛pH范围 |
| 反应性 | 弱 | 强 |
| 水解性 | 较易 | 易 |

#### 2.2.2.4 其他助剂

1. 助留剂

助留剂可改进造纸机的运行性能，控制纤维与填料的留着率。最广泛使用的助留剂系统是称为"Hydrocol"的膨润土+阳离子聚合物(PAM)系统以及称为"Compozil"的二氧化硅+聚合物系统。

2. 固着剂

在生产多次涂布不含机械木浆纸的纸厂中，往往在生产过程中需要比短链助留聚合物还要多的阳离子聚合物来作固着剂用，以便将阴离子垃圾固着到纤维上。

3. 杀菌剂

与酸性抄纸系统比较，中性抄纸系统中细菌更容易成活，故不含机械木浆原纸的生产工艺中需添加适宜的杀菌剂。过去几年相关领域的专家已做了许多杀菌剂方面的改进工作，力求开发出对环境无害的杀菌剂。

4. 光学增白剂和染料

市场需要更白和更具有蓝色调的纸张，这意味着在生产原纸时要使用光学增白剂和染料，且涂料配方要以更白的颜料为基础材料，这种改进倾向将有利于用碳酸钙取代瓷土。

### 2.2.3 对不含机械木浆涂布纸原纸的要求

#### 2.2.3.1 匀度

不含机械木浆涂布纸产品需具有良好的印刷性能。这意味着纸张表面必须光滑、匀称、能均匀吸墨并具有很高的印刷光泽度。这也对原纸提出了很高的要求——纸的匀度必须良好。与含机械木浆原纸相比，由于不含机械木浆纸使用化学木浆，其潜在匀度相对较差。另外，不含机械木浆纸的定量较高，因而更难以获得良好的匀度。

#### 2.2.3.2 两面性

不含机械木浆涂布纸往往是两面都印刷上多个颜色。这意味着已印色和未印色的纸张两面外观必须类似。因此，两面的填料分布也应该类似。在纸的面层上填料含量高是有利的。另一方面，涂料必须很好地固着到原纸上，以使纸面在单张纸印刷机中印刷时，不会被高黏性印刷油墨黏离而出现掉毛现象。所以纸面的填料含量都必须达到最佳要求。

#### 2.2.3.3 粗糙度和透气度

原纸的表面粗糙度与透气度是涂布纸质量的重要影响因素。细小纤维的存在有助于改善纸张的表面平滑度。粗大纤维的大量存在则倾向于使纸面粗糙化。

因此，可通过增加纸张表面填料的含量以降低纸张表面的粗糙度。通过使用碳酸钙作为填料，纸页透气度可随着碳酸钙粒子的粒径分布而发生大范围变化。宽的粒径分布，有助于原纸形成孔隙较少的较密实的纸页；窄的粒径分布则助原纸形成孔隙较多的纸页。原纸的透气度的增加亦将导致原纸的表面粗糙度增加。

#### 2.2.3.4 其他性能

(1)纸病和缺陷。在刮刀涂布作业中，工作设备对纸幅中的各种纸病(孔洞、杂质、褶子)和缺陷十分敏感。这些纸病与缺陷常使纸幅在涂布装置上出现断头现象。

(2)挺度。在低定量与单张纸印刷条件下，涂布纸的挺度是一个特别重要的性能。涂布纸的挺度与原纸的松厚度有关。通过选用粗大的松厚性纤维和尽可能少的压光处理，可改善松厚度。在单张纸印刷中，横向的挺度更为重要。

(3)白度。不含机械木浆涂布纸具有很高的白度。为了获取高白度，原纸的白度应该尽可能地高。这对纸浆也提出一定的要求。精磨打浆将使得纸浆白度降低，所以操作工艺中应尽可能减少磨浆频率。白水的洁净度也对原纸的白度有影响。填料用颜料的白度是不同的。最白的颜料白度高于纸浆，此时增加填料含量就提高原纸的白度。将光学增白剂加入纤维中，比将其加入涂料中更为有效。光学增白剂是阴离子，所以影响纸机的湿部化学。光学增白剂也影响纸张的色调，使它显出更多的蓝色。原纸色调也可借助染料加以控制，加入染料时，原纸白度下降。不同品种纸浆的色调是不同的。

（4）不透明度。不含机械木浆涂布纸的一个缺点是不透明度较差，至少在低定量时是如此。因此，原纸的不透明度应该尽可能大。增加填料（如 PCC 和 $TiO_2$）的含量可改善原纸的不透明度。纤维类型与磨浆工艺也影响着涂布纸的不透明度。

## 思考题

1. 试陈述低定量涂布纸的概念和用途。
2. 试陈述铜版纸的概念和用途。

# 3 涂布用颜料

**学习要点**
- 颜料的作用、基本性能和分类
- 常用的颜料

**学习目标**
- 了解颜料的作用和基本性能
- 掌握颜料的分类
- 掌握高岭土、GCC、PCC 等颜料的运用方法
- 了解二氧化钛、滑石粉等其他颜料

## 3.1 颜料的概述

### 3.1.1 颜料的作用

颜料是纸张涂料的主要成分，在涂料中的质量分数占比一般为 80%～95%；若按颜料密度约 2.5，涂料中其他固体密度约 1.0 来计算，则颜料在涂料中的体积分数占比约为 70%，体积分数比质量分数更重要。涂布纸张的很多性能取决于颜料的选择。

除了固体物质外，涂层还包含有充满空气的空间，即微孔。颜料的特性不但决定了涂布纸张的孔隙特性，而且还决定了其印刷适印性、白度和光泽度等。我们一般选择某一种或几种颜料供涂布用，是为了实现涂布的某个性能或综合性能。理想的涂布颜料应该具有以下性能：

①在水中具惰性、不溶，化学稳定性好；
②硬度低、不含杂质；
③100%漫反射所有波长的光，以获得最高的白度；

④具高的折射率，以获得良好的不透明度；
⑤具有良好的流变性能；
⑥具有良好的光泽；
⑦胶黏剂需求量低；
⑧密度低；
⑨成本低。

### 3.1.2 颜料的基本性能

在使用颜料之前，需要对颜料的特性进行考察，以了解不同颜料的优缺点。在纸张涂布中，颜料的基本性能主要包括：粒径及其分布，粒子形状与形状分布，粒子的折射指数、密度、光散射与光吸收系数以及硬度等。其中，颜料粒径及其分布和粒子形状与形状分布对于颜料的品质至关重要。

1. 粒径与规格分布

通常是以颜料中所含的粒径小于 2 μm 的粒子的质量分数作为纸张涂布用颜料的质量判定标准，而不是颜料平均粒径。一般认为，粒径小于 2 μm 的部分所占的百分比越大，则颜料越细，其品质也越好。对于标准涂布颜料，此数值为 80%，细颜料超过 90%，而粗颜料则小于 70%。

颜料粒径大小分布情况一般由沉降图表示，以反映粒径百分比分布。图 3-1 展示了三种颜料的粒径分布曲线。我们可以看到，图中 1、2、3 三种颜料的粒径小于 2 μm 的质量分数分别为 93%、80% 和 65%。当曲线自左至右急剧下降时，粒径的分布较狭窄，反之亦然。

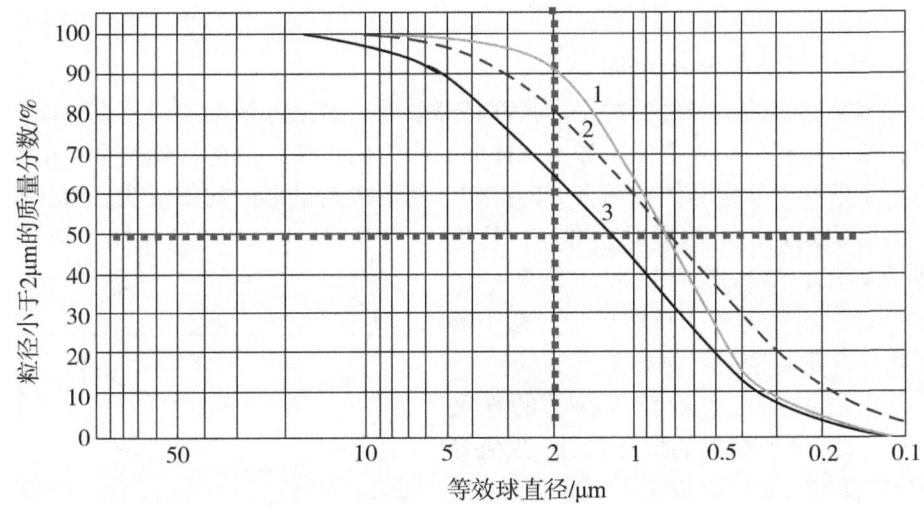

图 3-1 三种涂布颜料的粒径分布曲线

粒径通常根据斯托克斯定律(Stokes' law)，由稀释的悬浮液的沉降实验来进行测定，见式(3-1)。

$$V_0 = d^2(\rho_1 - \rho_2)g/18\eta \qquad (3-1)$$

式中，$V_0$——速度，m/s；

　　　$d$——颜料直径，m；

　　　$\rho_1$——粒子密度，$kg/m^3$；

　　　$\rho_2$——液体密度，$kg/m^3$；

　　　$g$——重力加速度，$m/s^2$；

　　　$\eta$——液相黏度，$kg/(m \cdot s)$。

斯托克斯定律只适用于球形粒子，当颜料粒子只有极少数是球形时，为了测量粒径分布而引入等效球直径(equivalent spherical diameter，ESD)的概念，即颜料粒子在测量时被当作是球形的，而等效球直径被当作是粒径。图 3-2 所示的是等效球直径均为 0.5 μm 的粒子。

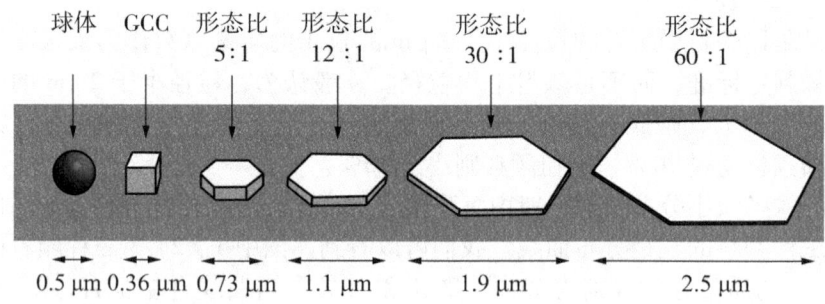

图 3-2　等效球直径均为 0.5 μm 的粒子

### 2. 粒子形状与形状分布

大多数密实的、等轴的粒子形状都是球形的。如果球体在三个垂直方面略微受压，便可得到一个立方体。如果球体向一个方向拉伸，便可得到一个棒形或针形的粒子形状。如果球体向两个方向拉伸，就形成扁平形的粒子形状。因此基本粒子的形状就是：①球形或立方体，且绝大多数等轴；②棒形或针形；③扁平形（或片形）。实际上，在自然界中，粒子形状可能是非常复杂的，例如菱形。

我们用形态比表示粒子扁平的程度（图 3-3），扁平颜料的形态比($p$)数值等于粒子直径($d$)除以粒子厚度($h$)，

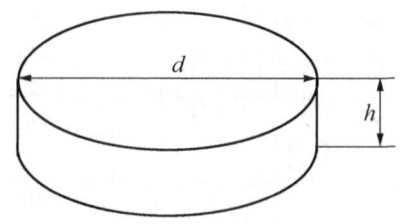

图 3-3　扁平涂布颜料的形态比 $p = d/h$

见式(3-2)。

$$p = d/h \tag{3-2}$$

式中，$p$——形态比；
$d$——粒子直径，μm；
$h$——粒子厚度，μm。

等轴或接近等轴的粒子(球体、立方体)，形态比是1或接近1；棒形粒子(如沉淀碳酸钙PCC)的概念就不是那么清楚了。后者形态比可表示为棒形长度除以棒形厚度，但为了避免跟扁平粒子混淆，在介绍或应用时应该提及棒形粒子的形状因子问题。

将不同粒子形状的颜料以适当比例混合，可提高涂层的透气度和松厚度。将高岭土与研磨碳酸钙混合的现象是十分普遍的。

3. 折射率

当光线照射在一张白色颜料涂布纸上时，部分光线被反射，而其余的光线则进入纸面。进入纸张的光束遇到了新的界面，将发生多次折射与衍射，大多数光线作为漫射光散射回去，发生漫反射；其余光线作为漫射光穿过纸页，发生透射；或被吸收和转换成热能等(图3-4)。

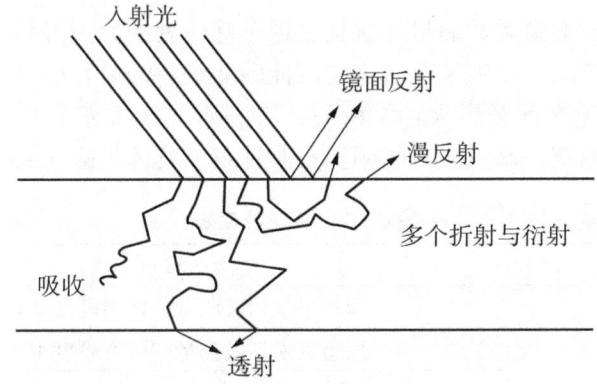

图3-4 光与白色颜料涂布纸的相互作用

折射引起光散射意味着光线当通过空气或胶黏剂等介质到达颜料粒子时发生了扭弯。介质和颗粒之间的折射率差值越大，由于折射引起的光散射增加，纸张的不透明度将因此变得更高。

物质的折射率越高，入射光发生折射的能力将越强，光在不同介质界面的折射见图3-5，折射率的公式如下。

$$n = \sin\alpha/\sin\beta$$

式中，$n$——折射率。

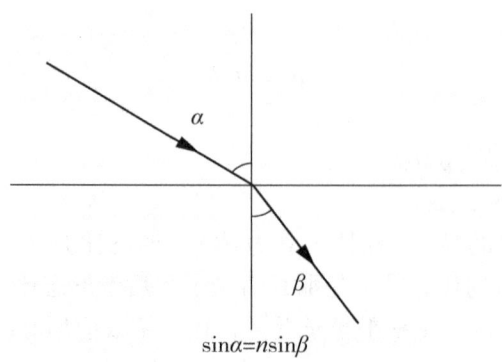

图3-5 光在不同介质界面的折射

折射率越高,光束在界面中折射的概率就越高。例如,霰石与方解石的折射率不同,霰石的折射率为1.531～1.686,方解石为1.486～1.658。

4. 硬度

矿物质的硬度影响颜料灰浆或涂料的耐磨性。颜料的耐磨性不仅取决于矿物本身的硬度,还取决于杂质的数量与规格。与碳酸钙比较,高岭土中杂质的数量一般较高。而另一方面,高岭土和滑石甚至在高杂质含量时耐磨性都较低。这被认为是由于这些矿物是柔软而呈片状且边缘不甚锐利的原因导致的。利用如上所述的性质,可生产出杂质数量非常少的沉淀碳酸钙(PCC)作颜料用。各矿物质的莫氏硬度按下列顺序逐渐增大:①滑石;②石膏;③方解石;④萤石;⑤磷灰石;⑥长石;⑦石英;⑧黄玉;⑨刚玉;⑩钻石,具体见表3-1。

表3-1 莫氏硬度表

| 序号 | 矿物 | 莫氏硬度 |
| --- | --- | --- |
| 1 | 滑石 | 用指甲来划破测量,研磨硬度0.03 |
| 2 | 石膏 | 用指甲来划破测量,研磨硬度1.25 |
| 3 | 方解石 | 用铜币来划破测量,研磨硬度4.5 |
| 4 | 萤石 | 用小刀来划破测量,研磨硬度5.0 |
| 5 | 磷灰石 | 用小刀来均匀划破测量,研磨硬度6.5 |
| 6 | 长石 | 用钢锉来划破测量,研磨硬度37 |
| 7 | 石英 | 划破窗玻璃测量,研磨硬度120 |
| 8 | 黄玉 | 划破石英测量,研磨硬度175 |
| 9 | 刚玉 | 划破黄玉测量,研磨硬度1000 |
| 10 | 钻石 | 已知最硬物质,不能被研磨,研磨硬度140 000 |

表3-2列出若干颜料的物理性能，我们可以对各种颜料的性能参数进行比较。

表3-2  涂布颜料的物理性能

| 颜料 | | 化学成分 | 多数粒子直径/μm | 粒子形状 | 密度/$g \cdot cm^{-3}$ | 折射率 | 白度/% | 莫氏硬度 |
|---|---|---|---|---|---|---|---|---|
| 高岭土 | | $Al_2O_3 \cdot 2SiO_2 \cdot 2H_2O$ | 0.3～5 | 六角形；扁平形 | 2.58 | 1.56 | 80～90 | 约2 |
| 研磨碳酸钙（GCC） | | $CaCO_3$ 和 $MgCO_3$（2%～3%） | 0.7～2 | 立方体；菱形；扁平形 | 2.7 | 1.56～1.65 | 87～97 | 2.5～3 |
| 沉淀碳酸钙（PCC） | | $CaCO_3$ | 0.1～1.0 | 易变化一般为棒形 | 2.7 | 1.59 | 96～99 | 2 |
| 滑石粉 | | $MgO \cdot 4SiO_2 \cdot H_2O$ | 0.3～5 | 扁平形 | 2.7 | 1.57 | 85～90 | 定义上是1* |
| 石膏 | | $CaSO_4 \cdot 2H_2O$ | 0.2～2 | 圆形 | 2.3 | 1.52 | 92～94 | 2 |
| 钛白粉 | 锐钛矿 | $TiO_2$ | 0.2～0.5 | 棒形 | 3.9 | 2.55 | 98～99 | 5.5～6 |
| | 金红石 | | 0.2～0.5 | 圆形 | 4.2 | 2.70 | 97～98 | 6～7 |
| 煅烧高岭土 | | $Al_2O_3 \cdot 2SiO_2$ | 0.7（中间值） | 聚堆的片状 | 2.69 | 1.56 | 93 | |
| 塑胶颜料 | 实心的 | 最常用的为聚苯乙烯 | 0.1～0.5 | 球形 | 1.05 | 1.59 | 93～94 | |
| | 空心的 | | 0.4～1.0 | 球形 | 0.6～0.9 | 1.59 | 93～94 | |
| 三水合铝（ATH） | | $Al(OH)_3$ | 0.2～2 | 扁平形 | 2.42 | 1.57 | 98～100 | |

*注：定义上是1，但是污染使之为2。

涂布纸最终的涂布情况在很大程度上与涂料的性能有关。表3-3简要列出了当保持涂料其他组分不变时，为得到更好的涂布性能，相应颜料性能的改变建议。

表3-3  需改善的涂布性能与相应颜料性能的改变建议

| 需改善的涂布性能 | 相应颜料性能的改变建议 |
|---|---|
| 光泽度 | 增加扁平性，减小粒径 |
| 不透明度 | 增加折射指数，减小粒径 |

续表 3-3

| 需改善的涂布性能 | 相应颜料性能的改变建议 |
|---|---|
| 白度 | 降低光吸收系数 |
| 透气度与油墨吸收性 | 降低堆积密度，混合不同形状的粒子 |
| 松厚度与覆盖率 | 降低堆积密度，混合不同形状的粒子，降低密度 |
| 黏度 | 降低堆积密度 |

### 3.1.3 颜料的分类

颜料有多种分类方法，根据相对用量的差异来划分，颜料通常可分为以下三大类：

主体颜料：涂料中的主要原料，在涂料配方中的比例一般超过50%，大多用于常规的纸张涂布。如高岭土、研磨碳酸钙（ground calcium carbonate，GCC）、沉淀碳酸钙（precipitated calcium carbonate，PCC）、滑石粉、石膏等。

辅助颜料：只占涂布用颜料的一小部分，一般占比不超过25%，用来改善纸张的某种特性，或弥补主体颜料在某方面的不足。既可用于常规涂布，也可用于特种涂布。如二氧化钛、塑胶颜料、三水合铝、硅铝酸钠等。

特种颜料：可以作主要颜料用，但一般用于有特殊要求的涂布工艺。如硫酸钡——由于其纯度高而用于照相纸的生产；硅酸盐——由于其吸收能力较强而用于喷墨印刷纸的生产。

颜料的选择一般要平衡成本和性能。高岭土矿在北美沉积较多，因而北美地区在纸张涂料上较多使用高岭土，在美国，73%的颜料是高岭土，15%的是研磨碳酸钙，12%的是其他颜料；在欧洲，72%的颜料是重质碳酸钙，20%的是高岭土，8%的是其他颜料（用量从大到小依次为滑石、二氧化钛、塑胶颜料）；在中国，纸张涂料的主要颜料一般使用碳酸钙，根据需要部分使用高岭土，主要原因在于高岭土价格较高及国内高岭土质量本身存在一定的缺陷。

下面分别介绍几种常用的颜料，如高岭土、研磨碳酸钙、沉淀碳酸钙、滑石粉、二氧化钛、石膏和塑胶颜料等。

## 3.2 高岭土

高岭土，又名瓷土。它因最早来源于中国江西省景德镇高岭山而得名。高岭土已在造纸工业使用多年，1723年首次作纸张填料用，大约在19世纪70年代首次被用于纸张涂布。而且，高岭土是造纸用颜料中第一个被广泛使用的涂布颜料，在早期涂布颜料行业中占据着主要地位，至今仍承担着重要作用。目前在美国仍然是主要的纸张涂布颜料。在欧洲，一般只有凹版印刷纸才会大量使用高岭土，主要原因在于凹版印刷纸要求成品具较高的表面平滑度。高岭土由于粒子形状扁平、色泽（白色或近白色）良好，以及可相对容易地被加工成很细的粒径，而成为一种极有价值的涂布颜料。

### 3.2.1 高岭土矿

高岭土广泛分布于世界各地，最重要的商业矿藏坐落在美国的佐治亚、英国的英格兰西南部和巴西，其他重要矿藏则主要分布在东欧、乌克兰、澳大利亚、德国和中国。

我国的高岭土储量丰富，广泛分布于广东、江苏、河北、浙江、福建、内蒙古、广西、江西等地。常用的涂布高岭土有水洗高岭土和煅烧高岭土之分，我国水洗高岭土主要集中在广东茂名、河北和苏州等地；煅烧高岭土主要集中在山西、内蒙古、山东、安徽、江苏等地。

高岭土是片麻岩和花岗岩中长石 $4K(AlSi_3O_8)$ 的风化产物（式3-3），由水合铝硅酸盐组成，高岭石是其主要成分，化学组成为 $Al_4Si_4O_{10}(OH)_8$，通常写为 $Al_2O_3 \cdot 2SiO_2 \cdot 2H_2O$。

$$4K(AlSi_3O_8) + nH_2O \longrightarrow Al_4Si_4O_{10}(OH)_8 + 2K_2SiO_3 + 6SiO_2 + nH_2O \quad (3-3)$$

自然界中的高岭土矿一般分为初生和次生两种。初生高岭土是由原始花岗岩转化而形成的，一般一直存在于最初形成的地点，在其形成处仍与未转化的母岩分布在一起。工业产品中的高岭土大约有全部成分的15%（质量分数）的物质是以石英/方晶石、长石、蒙脱石、云母和未转化花岗岩的形式存在，可能还有 $Fe_2O_3$、$CaO$、$MgO$、$Na_2O$、$K_2O$ 等其他矿物杂质。次生高岭土是指被河水或溪流冲刷，从原来形成的地点迁移到了其他地点，并以沉积物形式沉淀下来，常与源头有若干距离的高岭土。在迁移过程中，高岭土往往也经历了净化，除去了跟初生高岭土联结在一起的一些附属矿物，因此比初生高岭土具有更高的纯度和更均匀的矿物组成。英国高岭土是典型的初生高岭土，美国高岭土和巴西高岭土是次生高岭土，我国广东茂名高岭土是次生高岭土。

### 3.2.2 高岭土的性能

高岭土具有层状结构，颗粒呈六角片状（图3-6），每个颗粒都由重复的硅铝层组成，这种结构对高岭土的特性有着很大的影响。图 3-7 展示了高岭土的主要成分高岭石的晶体结构。可以看出，其单位晶格由两个原子层组成，即由一个八面体晶体氧化铝层和一个四面体晶体二氧化硅层交替组成，并通过氧原子共价键联结起来，而两个外层表面由 OH 基和 $SiO_2$ 单元构成。

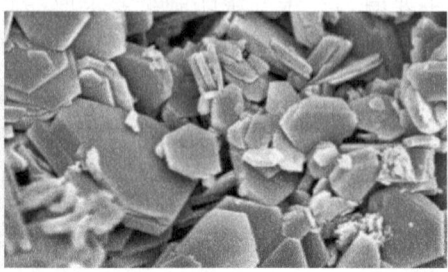

图 3-6 高岭土 SEM 图

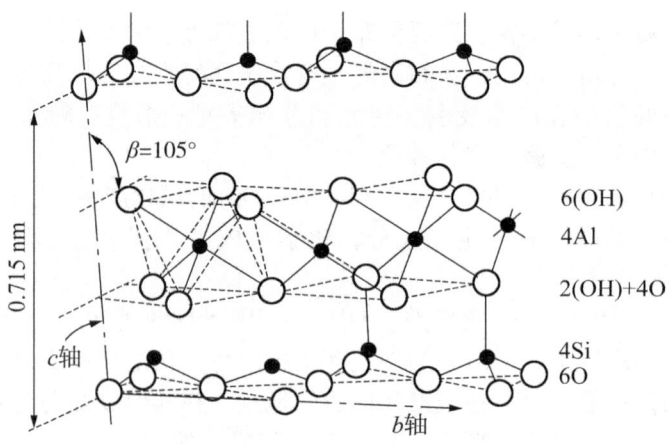

图 3-7 高岭石的晶体结构

层与层之间通过 OH 基和 $SiO_2$ 基团的 O 形成的氢键联结起来。这就是高岭土粒子成片状的原因：氢键比共价键要弱得多，当高岭土暴露在大自然中时，氢键会被热力等破坏。

决定涂布高岭土适用性的主要物理性能包括粒子形状、粒径、白度和色泽、黏度。高岭土的典型物理性能如表 3-2 所示。

1. 粒子形状

高岭土矿常含有许多叠层的粒子，在美国佐治亚高岭土矿中，这些叠层厚度可达 50 μm，宽度达 20 μm。大多数佐治亚高岭土粒子的形态比在 6∶1 与 20∶1

之间的范围内，随着粒径的减少，形态比略趋降低。

英国初生高岭土特征是结构呈准六角形的典型片状，平均形态比根据工艺路线可在10：1与80：1之间变化，且通常随粒子规格的减小而增加。

产自不同矿源的巴西次生高岭土的粒子形状彼此有很大不同。产自雅里河矿的高岭土形态比相对较低，只有10：1；而产自卡平河（Capim River）的天然分层高岭土，其形态比则在15：1与25：1之间。

在中国，涂布用高岭土形态比在2：1到60：1之间。较高的形态比赋予高岭土较好的不透明度。典型高岭土的形态比为5：1～40：1。高岭土的形态比可通过逐层剥离而增加，在此加工过程中，高岭土颗粒直径保持不变，而厚度减少，形成剥片高岭土。

2. 粒径

涂布用高岭土的大小为0.3～4 μm，厚度为0.05～2 μm。北美和巴西高岭土一般比英国高岭土要细。我国小于2 μm粒度的国产高岭土偏少，且大部分国产高岭土黏度比美国、英国的高，稳定性也不如美国、英国的高岭土好。国产高岭土质量以苏州为最好；广东茂名、湛江新开发出来的高岭土，其质量已能基本满足气刀和刮刀涂布的要求。

3. 高岭土的分散

为使颜料发挥最大效益，涂布工艺中颜料中的每个粒子都必须处于润湿状态，而且任何凝集块必须被分离与分散。若涂布高岭土分散不彻底，将使运行性能恶化，如产生条纹；还会造成纸张性能低劣，如光泽度低与印刷质量不良。因此高岭土的分散需要有适当的设备、充足的动力，以及使用化学分散剂，以使颜料达到满意的分散程度。

高岭土的悬浮水溶液在低pH（pH＜4）时凝集，而在pH＞9的碱性条件下分散，这与高岭土表面电荷特性有关：表面的OH结构使高岭土颗粒具有较高的表面能和亲水性，边缘的晶体结构中铝离子和硅离子对pH较为敏感。高岭土粒子的边缘与表面可以有不同电荷：表面往往是负电荷，而边缘则为可变电荷。如图3-8所示，在pH约小于4的酸性条件下，纯高岭土薄片边缘是正电荷，而表面是负电荷，此时纯高岭土粒子以边缘对表面的形式相凝聚。在pH达7.3左右，纯高岭土边缘为零电荷点。在pH高于9左右时或在使用阴离子分散剂（如聚丙烯酸钠）后，粒子整个表面都带负电荷，导致粒子间相互排斥并呈一定程度的分散状态。

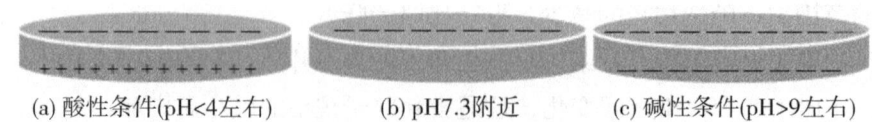

(a) 酸性条件(pH<4左右)　　(b) pH7.3附近　　(c) 碱性条件(pH>9左右)

图3-8　不同pH条件下高岭土的表面电荷特性

使用阳离子分散方法对高岭土进行分散也是可行的。但阳离子分散剂一般要比等当量阴离子分散剂贵，且常需要较高的用量，最终灰浆固含量可比全用阴离子分散剂低5%～10%(质量分数)。用阳离子分散高岭土的主要优点是可改进纸机湿部涂布损纸(涂布损纸含有过量的阴离子和污染物)的留着率。

## 3.3　研磨碳酸钙

从经济和技术角度而言，天然研磨碳酸钙是一种重要的涂布与填料用颜料。20世纪60年代初，欧洲纸厂开始将天然的研磨碳酸钙作为填料使用。几年后，GCC又被用作涂布颜料。70年代开始，GCC在欧洲便大量使用。70年代末，北美地区开始大量使用。目前用于涂布的碳酸钙已占全部颜料消耗量的50%以上。

GCC不造成生理学上的问题，且可长期大量获得，产量很高，同时还具有天然的高白度。但当纸厂使用碳酸钙时，它必须改用中性或微碱性抄纸系统。绝大多数欧洲的不含机械木浆纸(几乎100%，包括涂布的与未涂布的)都是在碱性条件下进行加工的。在北美该种产品有80%以上是在碱性条件下进行加工的。这种在中性或微碱性条件进行加工的趋势将在全世界范围内持续下去，特别是在纸厂使用更多的废纸时。因为含碳酸钙的废纸常多于不含碳酸钙的废纸。

### 3.3.1　天然碳酸钙来源

碳酸钙是除石英以外地球表面分布最普遍的矿物。碳酸钙以三种不同的矿物形式存在：方解石(calcite)、霰石(aragonite)和球文石(vaterite)。方解石是最普遍的自然形态，是结晶体，并呈菱形六面体结构(图3-9)。霰石最早是在西班牙的亚洛根(Aragon, Spain)所被发现，所以以此地名来对其命名；霰石也为结晶体但呈斜方晶结构，物理性能与方解石略有不同。霰石在高温时形成，但由于具亚稳定性，它们只在相对低温时保持霰石形态，即现有矿藏都位于接近地表处。

球文石是无定形碳酸钙且无甚价值。霰石和球文石是亚稳定的,并将在一定条件下不可逆地转换成方解石。

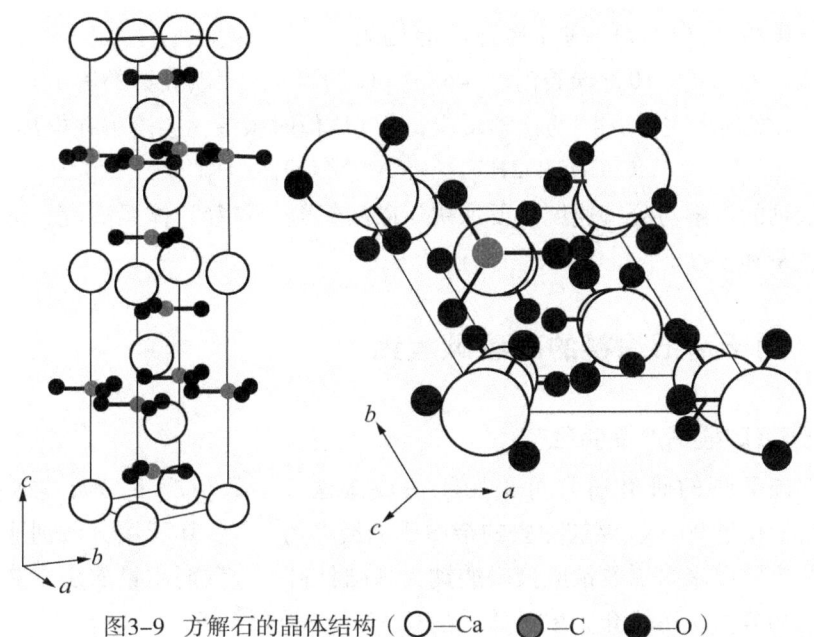

图3-9 方解石的晶体结构（〇—Ca ●—C ●—O）

方解石主要存在于白垩、石灰石和大理石等不同岩石中,不同岩石中的方解石在成分上并没有什么区别,其主要区别在于方解石晶体相互结合的程度。三种岩石结构的区分如下:

(1)白垩:松散层状生物成因沉积岩(偏三角面体,如颗石藻和有孔虫的超微化石骨骼)。年龄为0.8～1.1亿年。

(2)石灰石:源自生物的层状坚实层状生物成因沉积岩(蜗、壳类)。结晶体大小界于白垩与大理石之间。年龄为1.1～1.5亿年。

(3)大理石:是石灰石构造变化(再结晶)形成的变质碳酸盐岩。年龄为3～5亿年。

白垩的硬度和研磨度较低,更多作填料用。湿磨石灰石和大理石则主要作涂布颜料用。

### 3.3.2 研磨碳酸钙的性能

研磨碳酸钙(GCC)的基础物理性能见表3-2。碳酸钙的白度高于高岭土，其他指数两者相仿。10%碳酸钙悬浮液的pH约为9，而碳酸钙的等电点在pH=8.5左右，根据下式(3-4)的化学反应，低pH值时碳酸钙会溶解并电离出离子。

$$CaCO_3 + 2H^+ \longrightarrow Ca^{2+} + CO_2 + H_2O \qquad (3-4)$$

碳酸钙的溶解与分解速度主要取决于碳酸钙粒子粒径，体系酸度、溶解二氧化碳的数量和温度。

### 3.3.3 用于造纸涂料的研磨碳酸钙

1. 研磨碳酸钙产品特征

天然碳酸钙的研磨通常可采用干法或湿法。多数情况下，天然矿藏内的$CaCO_3$含量超过96%，要被除去的杂质比例最多为4%。其所用分散剂通常是阴性的，并主要以聚丙烯酸钠或聚磷酸钠为基础材料。分散剂用量取决于灰浆的细度和固形物含量，一般介于填料质量的0.1%~1.0%之间。

GCC的粒径范围为40%~98%(<2μm)，白度为80% ISO~96% ISO。灰浆的固形物含量可达65%~78%，黏度约为500 mPa·s(100 r/min)，比表面积(BET法)为2~20 m²/g。

2. 各种涂料配方中研磨碳酸钙的含量

有些低定量涂布纸厂在其凹版印刷的配方中已使用了20%的碳酸钙以改进生产过程中的流变学行为、增加纸张白度，以及降低成本。LWC胶印纸与MWC不含机械木浆单层涂布胶印纸的生产配方中含有50%~60% GCC。即使配方中已设定了这样高的碳酸钙含量，其工艺仍有可能在高涂料固含量条件下运行。有许多纸厂和纸板厂在其高光泽面涂的配方中，使用了约90%或甚至100%的$CaCO_3$ (90%~98%的$CaCO_3$小于2μm)，同时，在其预涂中使用100%的$CaCO_3$ (60%~75%的$CaCO_3$小于2μm)。在无光泽涂料中的情况也相类似，其预涂和面涂的颜料细度在大约60%与90%(<2μm)。在预涂中100%碳酸钙含量用65%~72%固含量的涂料的也并不罕见。主要优点是可使纸张无刮刀刮痕和白度增加。

3. 流变学行为

由于晶体形态菱形结构，GCC显示出非常卓越的流变学行为。增加GCC的质量分数,涂料的黏度将明显下降。这使得纸厂可在高固含量下制取涂料,有利于涂料的干燥,而且可使得工艺在高速度条件下运行而不产生任何问题。

4. 白度、不透明度和光泽度

用于生产 GCC 的原材料显著影响涂层的白度:使用白垩将使涂层得到最低的白度,大理石所得白度则最高。此外涂料中碳酸钙的粒径和质量分数对涂层的白度和不透明度有重要影响。颜料白度主要在 86%～96% 范围内(R-457)。因此涂布配方中高白度碳酸钙的百分用量高,这有助于提高涂布纸的白度。而当前新一代高细度和具有陡峭、狭窄的粒径分布曲线的涂布用 GCC,改进了涂布纸和纸板的覆盖率、不透明度以及光泽度。

碳酸钙的粒径和涂料固含量在改进涂层光泽度方面起了重要作用。与高岭土相比,粒径分布为 90%～98%(<2 μm)的碳酸钙,光泽度损失最少。使用较高的涂料固含量,涂层的光泽度将显著提高。但若在高固含量条件下运行,流变方面的问题将可能导致条纹与涂料堆积高岭土的比例需限制在 30% 左右。双层涂布时,在预涂和面涂中可使用 100% GCC,且高固含量涂布时,其光泽度值仍可达到 80% 以上。

5. 胶黏剂用量

与常用的涂布用高岭土相比,碳酸钙由于堆积密实,即使是极细的碳酸钙,作涂布用颜料时所需的胶黏剂用量也较少。大型试验表明,与同等条件下使用 100% 高岭土的配方比较,使用碳酸钙可节省 2～3 份合成胶黏剂。

6. 使用性能

使用研磨碳酸钙作为涂布颜料,有如下优势:①有利于充分利用流变学性能;②高涂料固含量;③涂布机可有较好的运行性能(指涂布机);④可使涂布机节能;⑤低胶黏剂需求量;⑥高白度;⑦较高的光学增白剂效率;⑧良好的印刷质量和较高的印刷光泽度。

## 3.4 沉淀碳酸钙

由于碳酸钙可结晶成各种各样的形态,在实践中,可通过受控合成生产出特种形态的沉淀碳酸钙(PCC)。

### 3.4.1 涂布用 PCC 的生产

PCC 的生产工艺化学过程如下：

①石灰石煅烧：$CaCO_3 \xrightarrow{\text{高温}} CaO + CO_2 \uparrow$；

②生石灰消化：$CaO + H_2O \longrightarrow Ca(OH)_2$；

③消石灰碳酸化：$Ca(OH)_2 + CO_2 \longrightarrow CaCO_3 \downarrow + H_2O$。

在反应①中，石灰石在 1 000℃左右的石灰窑中燃烧，分解成氧化钙和二氧化碳。

在反应②中，氧化钙和水混合，生成氢氧化钙。由于杂质都要比氢氧化钙粒子大得多，很容易通过该工序从石灰石沉积物中筛分除去杂质。因此，工业用 PCC 颜料中的 $CaCO_3$ 含量一般均高于 97%，其余部分为 $MgCO_3$ 和其他残渣。

反应③是沉淀工艺的核心。反应①中，石灰石燃烧排出 $CO_2$，同等数量的 $CO_2$ 将又返回到生产过程中。$CO_2$ 的常见来源是电站、回收炉或石灰窑的烟道气。先将烟道气进行洗涤，再将其转入反应器，使其溶于水。在水相中，$CO_2$ 与固体粒子 $Ca(OH)_2$ 起反应，生成 PCC。在该工序中，我们可以控制碳酸钙的粒径、粒径分布和粒子形状。根据需要，还可改变碳酸钙粒子的表面性能。PCC 产品的粒子形状和粒子规格简图见图 3-10。

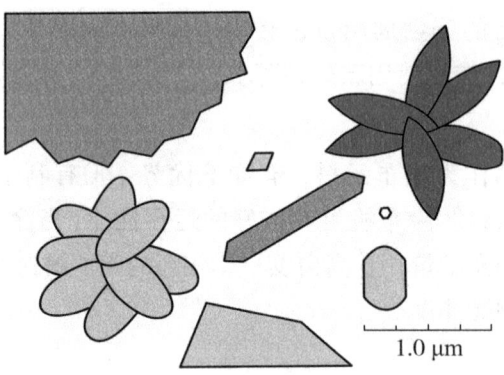

图 3-10　PCC 产品的粒子形状和规格简图

### 3.4.2 涂布用 PCC 的性能

1. 涂布用 PCC 的物理性能

因为纸张在未印刷处与已印刷处之间常产生高度反差，控制其高白度显得极为重要。碳酸钙以其白度高于高岭土和滑石颜料而著名。石灰石中的杂质通常是深色甚至黑色的，因而降低了颜料整体的白度，但如在PCC生产工艺中所述，这些杂质可从消石灰中被有效地除去。而对于研磨碳酸钙（GCC）的制备，一些石灰石中的杂质则可借浮选或借挑选矿石的方法加以除去。如果涂布用颜料的原料中的杂质是天然形成的，经漂白处理可使其获得白度的额外提高。PCC或GCC的白度是93%ISO～96%ISO，而高岭土和滑石的白度则明显较低，为84%ISO～87%ISO。表3－4列出了几种主要涂布颜料在表3－2中未列出的物理性能。高岭土、GCC和滑石具有相当典型的性能值，而不同等级的PCC的性能值则有许多不同。

表3－4　主要涂布颜料的部分物理性能

| 物理性能 | 高岭土 | 滑石 | GCC | PCC |
|---|---|---|---|---|
| $b^*$ 值/% | 3.5 | 3.0 | 1.0 | 0.8 |
| 90%粒径/μm | <3.0 | <6.0 | <2.0 | 0.8～3.0 |
| 平均粒径 APS/μm | 0.7 | 2.0 | 0.8 | 0.4～2.0 |
| 比表面积 SSA/(m$^2$·g$^{-1}$) | 6 | 5.0 | 11.0 | 4.0～11.0 |
| 灰浆固含量/% | 67～72 | 67～70 | 74～78 | 71～75 |

由表3－4可知，PCC与GCC的$b^*$值（黄色与蓝色比值）低于高岭土与滑石的，即高岭土与滑石比PCC与GCC更黄些。

涂布颜料的粒径对涂层的平滑度、光泽度、吸墨性等性能都有影响。因此针对应用于各种用途的颜料，能将其粒径调整到相应适宜的大小是很重要的。PCC的粒径可通过碳酸化加以控制，但对常规涂布颜料，则必须通过研磨或筛分处理。颜料平均粒径（APS）通常可根据应用需求调整到0.3～2.0μm。特种用途颜料APS可能还需更低些，例如，对将用于喷墨印刷的颜料，其高比表面积（SSA）就很重要。涂布用PCC的粒径分布往往会根据其特异性需求专门制造得很窄；因此，在多数情况下，100%的PCC粒子都在2.0μm以下，除非是那些APS已接近2.0μm的特殊情况。

比表面积（SSA）是颜料中的APS和细小粒子数量的指征；如果APS一样，更高的SSA通常意味着产品中有更多的细小粒子。大量的细小粒子的存在，可能会影响到工艺配方中胶黏剂的所需添加量，成品涂布纸的吸墨性、油墨固化能力和油墨密度。

一般情况下，PCC涂布颜料固形物含量为71%～75%，GCC涂布颜料固形物含量为74%～78%，而高岭土与滑石涂布颜料固形物含量则为67%～72%。

## 2. 含PCC涂料的流动特性和运行性能

具有高形态比与窄粒径分布的PCC，比起具有近圆形形态和宽粒径分布的颜料（如GCC），在流变性方面对工艺提出了更强的挑战：如加工过程中设备所持的泵送能力需更强，在涂布设备中颜料的流动特性更显著。另一方面，与分层的片状高岭土比较，在持相同固形物含量条件下时，涂布用PCC比分层的高岭土有更低的黏度。

在含有诸如胶黏剂和水等"润滑"材料的涂料中，PCC的流变性不成问题。如实践已证明，PCC涂料可在3100 m/min速度下以62%固形物含量的形式进行施涂。

在使用PCC时，涂料中通常也加入一定量的高岭土或滑石。加入这些扁平颜料主要是为了改进涂料的保水性。如果水分未能得到一定程度的保留，在上涂过程中水则将很快渗入纸中，并且计量装置上将堆积有硬饼状的颜料。例如，若用刮刀涂布，保水性差的涂料将在刮刀下形成硬的颗粒，在涂布表面留下明显的刮痕。众所周知，主要成分为GCC的涂料的保水性要比主要含高岭土的差，在有些情况下，主要成分为PCC的涂料的保水性更差。图3-11是该理论的图解。对高岭土而言，水必须通过迂回曲折的薄片，行进一段较长的距离。随着粒径分布变得较窄，水的渗透路径则变得更短，"曲折系数"变小，则渗水速度更快。当然，这不是各原材料保水性存在差异的唯一原因，但可能是最重要的原因。可通过在涂料中添加一些CMC或合成增稠剂以提高其保水性，也可以加入淀粉的方法提高其保水性。

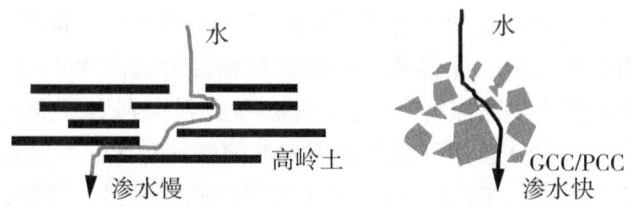

图3-11 粒子形状对保水性的影响

### 3.4.3 各种品级PCC在涂布上的应用

为获得高光泽度的双层或三层涂布纸，细小粒径的PCC是涂布用颜料的最佳选择。此处，细小粒径的定义是指颜料中平均粒子规格（APS）为0.3～0.4 μm。这种情况下原纸是不含机械木浆纸还是含机械木浆纸都无关紧要。如果用的是塑胶颜料，则它可被PCC取代，从而起到降低经济成本的作用。如果不需要高光泽度，可用轻度压光使纸张获得自然的高光泽度，与应用其他颜料相比，该条件下加工而得的成品纸将具有较高的松厚度、较高的挺度和较好的不透明度与白度。

预涂所用颜料必须是较粗的涂布颜料。建议选用 APS 为 $0.6\sim0.8~\mu m$ 的 PCC 以赋予预涂层开放的结构，可通过这种方法增加有效的光散射空隙数量而显著提高涂布纸的不透明度。对于这种开放性结构也可能会衍生出保水性较差的问题，可能需要通过在涂料中添加一些分子链较长的 CMC 或合成增稠剂来进行补偿。

具有良好平滑度、低纸张光泽度、高印刷光泽度和足够的油墨固化性能的无光泽度纸是不容易制造的。使用较窄粒子规格分布和较高 APS 的 PCC 则可使涂布纸获得这种组合性能。

虽然 PCC 实际上已用于纸张涂布多年，但它在全球涂布颜料市场中仍然是一个次要的参与者。这主要是因为相对于传统的涂布颜料，其价格较高。然而，新的生产方法和现场生产理念已为造纸工作者利用特制 PCC 涂料性能的优势开辟了全新的途径与机会，PCC 在未来纸张涂布产业中将起到更重要的作用。

## 3.5 滑石

滑石一词一般用于描述矿物、岩石或粉末，有许多不同形式的滑石可作纸张涂布颜料用。我国滑石均以干粉形式供货，通称滑石粉。

滑石于造纸工业领域的应用历史悠久。20 世纪初，滑石作为填料首次在法国、意大利、西班牙、芬兰和日本出现。1982 年，芬兰和法国开始将滑石纳入涂布用颜料名单。直至目前，滑石作为涂布用颜料在芬兰被大量应用，但在其他国家相关应用较少，而多用于特种纸涂布。

### 3.5.1 滑石矿

滑石矿源丰富，全球滑石矿床主要分布在美国、巴西、中国、印度、法国、芬兰和俄罗斯等国家。我国的滑石矿床主要分布在辽宁、山东、广西、江西和青海等 18 个省市自治区，滑石类矿产资源储量在全球排名第四，这使我国成为世界上重要的滑石生产国之一。滑石矿床常常是岩石在热液活动的影响下转变的结果，热液活动或携带形成矿物所需的 $MgO$，$SiO_2$ 和 $CO_2$ 等成分。由于这一过程产生的矿物成分是由母岩自然形成决定的，按母岩区别可将全世界的滑石矿床分成四大类型。

1. 碳酸盐岩类型矿床

全世界滑石产量中约有 70% 来自这类矿床,该类型矿床以产出高纯度、高白度滑石矿闻名。所有产自中国和远东的滑石都是这类矿。大量欧洲大陆的滑石也是这类矿。

2. 蛇纹岩类型矿床

现有世界滑石产量中约有 20% 来自这类矿床,其分布广泛。天然矿藏中的这类矿体通常是灰色的,故若将其用作工业涂布颜料,则将表现出纯度不够的缺点。可通过浮选的方法提升滑石的含量和白度。在欧洲和北美有相当部分的涂布用滑石是由这类矿床加工而成的。

3. 硅铝岩类型矿床

该类型矿常被发现与碳酸盐岩类型矿共生,例如与碳酸镁联结在一起。该类型矿床由于存在共生矿物,一般呈灰色。其中部分滑石与绿泥石共生,绿泥石是一种具有与滑石类似特征的矿物。工业生产上亦常将绿泥石与滑石一起使用,以获取特定的使用性能。世界滑石产量中约有 10% 来自这些矿床。

4. 镁沉积岩类型矿床

该类型矿床一般是滑石与石英的混合矿,有时还夹杂有云母、瓷土、氧化铁和有机物质,因常含有杂质,选矿工艺复杂,目前基本未得到开采。

### 3.5.2 涂布用滑石的性能

1. 滑石的化学成分

滑石是水合镁硅酸盐,化学组成是 $Mg_3(Si_4O_{10})(OH)_2$,一般写作 $3MgO \cdot 4SiO_2 \cdot H_2O$。滑石矿物的理论化学成分为:$MgO$ 31.9%,$SiO_2$ 63.4%,$H_2O$ 4.7%。涂布用滑石矿物结构呈片状,相对于高岭土的两层结构,滑石有三层,在两层 $SiO_2$ 中间,有一层 $MgO$ 层,滑石的片状结构如图 3-12 所示。滑石与高岭石的不同之处在于高岭石中的 Al 被滑石中的 Mg 取代,以及滑石缺少了高岭石中的亲水层——OH 层,对该层取而代之的是疏水层——$SiO_2$ 层。相邻的滑石层由范德华力作用结合在一起,该作用力比高岭土层与层之间的氢键作用力要弱得多,所以滑石比高岭土具有更为明显的片状结构。

虽然滑石和高岭土一样都是片状结构,但是两者的化学特性和颗粒形态不同。由于滑石的两个边缘层均由 $SiO_2$ 组成,其具有较低的表面能和疏水性。滑石的表面一般带负电荷,其边缘在等电点(pH 为 8)以下时带正电荷。而且,滑石的表面很容易吸附空气,也就是说,滑石颗粒很容易和空气层结合在一起,因而在分散滑石时,不仅仅需要分散剂的应用,还需要加入润湿剂以提高滑石在水中的分散效果。

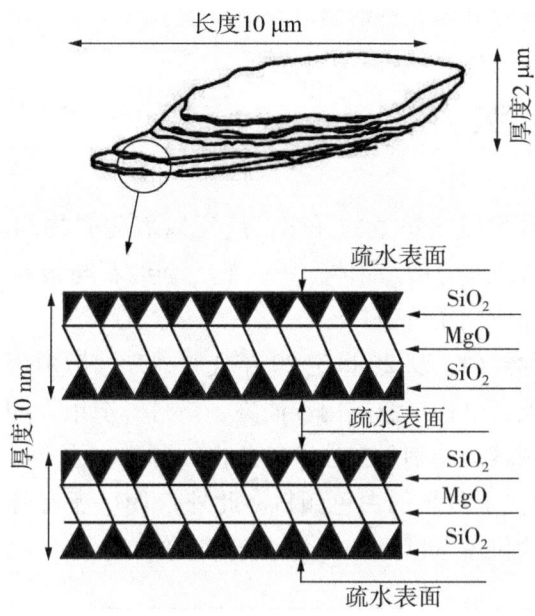

图 3-12 滑石的片状结构

2. 滑石的形态特征

通常滑石的形态比为 20∶1～25∶1,经过精细加工的滑石的形态比可达 100∶1 及以上。通常,涂布用滑石有相当大的颗粒规格(等效球直径 ESD),因此,若涂料中加入大量滑石,一般会使涂料呈现出剪切增稠的趋势,对涂料的光泽度也会有负面影响。一般来说,同样粒径的高岭土的光泽度会比滑石的高。

## 3.5.3 滑石在造纸涂布中的应用

在欧洲,使用滑石作为造纸涂布的颜料是最为普遍的。在这些应用中,选择使用滑石是基于其颜料性能的特定需求,而不是基于当地滑石的可获得性。在某些应用场合,由于滑石的粒子形态与高岭土相似,具有扁平的结构,因此在经济可行的情况下,滑石完全可以在技术上取代高岭土。

目前纸张涂布用滑石的形态比基本都在 30∶1 左右。涂布用滑石的白度,一般为 82% ISO～88% ISO。滑石的不透明度和白度与高岭土相当,如表 3-4 所示,高岭土略带黄色,而滑石略带蓝色。

分散后滑石灰浆的固含量可达到70%左右,但是滑石的分散一般需要特殊的分散剂、润滑剂及较好的分散控制过程。

## 3.6 二氧化钛

钛是在地壳中含量排名第九的元素,广泛以氧化矿物的形式存在于自然界中。钛可形成三种独立的 $TiO_2$ 晶体:锐钛矿、金红石与板钛矿,其中前两种比较稳定,有较高的商业应用价值。

二氧化钛,亦称钛白,从20世纪20年代起,$TiO_2$ 颜料因具有耐久性、光学性能好和无毒的特点,已被广泛应用于油漆、塑料、造纸、印刷油墨、橡胶、纤维制品和化妆品等领域。特别是在油漆工业中,含 $TiO_2$ 的颜料在20世纪50年代至60年代便迅速取代了传统的白色颜料。此外,$TiO_2$ 还有若干非颜料方面的用途,但其消耗量大约仅占全世界 $TiO_2$ 总消耗量的3%。

### 3.6.1 钛矿

钛以多种矿物的形式存在,其中有四种矿可用作制造二氧化钛的原料:钛铁矿($FeTiO_3$)、金红石($TiO_2$)、锐钛矿($TiO_2$)和白钛石($TiO_{2x}FeO_yH_2O$)。二氧化钛熔渣($TiO_2/FeO$)是一种含有高比例 $TiO_2$ 的选矿副产品。在造纸涂布行业中,常用的钛矿有金红石和锐钛矿两种。

$TiO_2$ 颜料是造纸工业所应用颜料中最昂贵的一种。生产二氧化钛有两种方法:硫酸盐法与氯化法。在欧洲,约有70%的 $TiO_2$ 颜料是用硫酸盐法生产的,锐钛矿颜料可由硫酸盐法生产。硫酸盐法从原料到成品的整个生产过程大约需要经历两个星期。氯化法生产的颜料一般有较高的白度值和色纯度,只用于生产金红石类的二氧化钛颜料,且原料的 $TiO_2$ 含量必须比用于硫酸盐法的高。氯化法生产所耗费时间较短,但它所需的原料更昂贵。生产出来的 $TiO_2$ 颜料,可对其进行表面处理,以改进其使用性能,如分散性、耐久性等;当然,未经表面处理的干磨或湿磨 $TiO_2$ 颜料也可被广泛用于造纸工业。

## 3.6.2 涂布用二氧化钛的性能

$TiO_2$ 颜料之所以卓越，在于其具有极高的折射率、出色的白度和理想的粒径，这些特性使之成为最有效的白色颜料之一。颜料的平均晶体尺寸、分布、白度和色调主要取决于原材料的生产过程，而制造技术同样对这些性能特征产生影响。然而，需要注意的是，颜料表面处理所使用的化学物质及其用量，以及颜料的最终粒径，对于颜料在不同应用中的表现和效果具有决定性的影响。

除了粒径大小，晶体的大小和分布对颜料的光学性质起着关键作用。颜料的表面电荷和吸收特性可以通过表面处理化学品和技术来调控。

### 3.6.2.1 化学与物理性能

在工业应用中，$TiO_2$ 颜料的来源主要是金红石和锐钛矿，这两种来源的二氧化钛颜料在制备工艺和成品性能上存在差异。金红石型颜料拥有更为致密的晶体结构，因此相较于锐钛矿型颜料，它具备更高的折射率、更强的稳定性和更大的密度（见图 3-13）。$TiO_2$ 为一种白色颜料，以其卓越的稳定性而著称，它不溶于酸、烧碱和有机溶剂。由于具备稳定性和无毒性，二氧化钛被广泛认为是一种极为安全的材料。

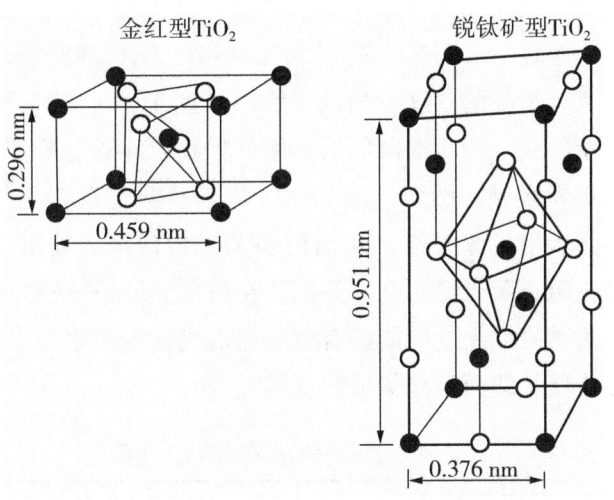

图 3-13 金红石型与锐钛矿型 $TiO_2$ 的晶体结构

表 3-5 列出了金红石与锐钛矿两种来源的 $TiO_2$ 的物理性能。

表 3-5　$TiO_2$ 的物理性能

| 来源 | 物理性能 | | | | | | | | |
|---|---|---|---|---|---|---|---|---|---|
| | 折射率 | | | 密度 /(g·cm$^{-3}$) | 莫氏硬度 | 比热容 /(kJ·℃·kg$^{-1}$) | 介电常数（粉末） | 白度 /%ISO | 熔点 /℃ |
| | 在空气中 | 在水中 | 在油中 | | | | | | |
| 金红石 | 2.72 | 2.1 | 1.85 | 4.2 | 6～7 | 0.7 | 114 | 98.5 | 1855 |
| 锐钛矿 | 2.55 | 1.9 | 1.7 | 3.9 | 5.5～6 | 0.7 | 48 | 98 | 700～950转换成金红石 |

#### 3.6.2.2　光学性能

作为纸张涂布用颜料，$TiO_2$ 以其出色的光学性能而著称：高折射率、理想的晶体结构和粒径（大约为光波长的一半）及粒径分布，以及在可见光范围内的高反射率。表 3-6 所示为常见涂布纸组分的折射率。

当介质和粒子的折射率相等时，光散射现象不会发生。然而，在含有折射率为 1.5～1.6 的颜料，并且颜料与具有相同折射率的胶乳共同存在于纸张涂层中时，却有散射现象的存在，这是由于涂层内空气的存在，以及空气与颜料、空气与胶黏剂之间的界面发生折射所引起的。

$TiO_2$ 颜料的高折射率特性确保了它们即使是在无空气存在的薄膜（如亮光漆膜）中也能保持卓越的不透明度。在可见光区域，$TiO_2$ 颜料展现出极高的反射率，这使得它们具有很高的白度。相较于锐钛矿型 $TiO_2$ 金红石型 $TiO_2$ 可在更广泛的波段内吸收紫外线。荧光增白剂的作用是吸收紫外线能量，并将这部分能量重新辐射到可见蓝光区域。然而，当 $TiO_2$，特别是金红石型 $TiO_2$ 存在时，它们能够吸附绝大多数入射的紫外线，从而削弱荧光增白剂的效果。尽管 $TiO_2$ 颜料可能会减少或甚至阻止荧光增白剂提升纸张在可见光波长范围内的反射率，它们涂料中出色的不透明度性还是能能够有效遮盖由机械木浆原纸引起的黄色调，甚至可以减缓因吸收紫外线而引起的纸张变黄过程。

表 3-6　常见涂布纸组分的折射率

| 涂布纸组分 | $TiO_2$ 颜料 | | 高岭土 | 碳酸钙 | 纸浆 | 胶黏剂 | 空气 |
|---|---|---|---|---|---|---|---|
| | 金红石型 | 锐钛矿型 | | | | | |
| 折射率 | 2.72 | 2.55 | 1.57 | 1.5～1.7 | 1.55 | 1.5 | 1.0 |

## 3.6.3 二氧化钛在造纸涂布中的应用

当前有14%左右的$TiO_2$颜料产品被用于造纸工业，作为纸和纸板中的填料或涂料中的颜料用，其中有金红石也有锐钛矿。但金红石颜料在造纸工业中的使用比例亦正在逐渐增加，其原因是其折射率较高而能产生优异的光学性能。

用于造纸工业的$TiO_2$颜料大多数都是经表面处理过的金红石或锐钛矿颜料，它以高固形物含量（超过65%）灰浆的形式供应。造纸工业偏好使用灰浆。因为其便于搬运、计量与贮存。

$TiO_2$在造纸应用中的主要作用是可增加成品的不透明度，同时也能增加纸张的白度。由于$TiO_2$颜料的价格昂贵，它们通常是在其他颜料无法达到所需不透明度的情况下才会被使用。常见的典型例子是在超低定量至低定量涂布纸的颜料配方中，会使用5～10份的$TiO_2$。$TiO_2$作为填料时，在某些低定量特种纸，如字典纸中的含量最多可达15%。

锐钛矿型$TiO_2$通常作填料用，尤其是未经处理的锐钛矿，其磷酸盐含量较高，这使得干颜料的分散变得更为容易。

在涂布纸板的应用中，为了遮蔽其内层的深色底面，需要涂料具有较好的不透明度。实现这一目标的有效方式是在颜料混合配方中使用最高不超过40份的$TiO_2$。

$TiO_2$作为造纸涂料的重要组分，其用途主要在于增加涂布纸的不透明度。为保证其光学性能，$TiO_2$颜料在涂料系统中必须得到高效分散。若颜料未能妥善分散，形成聚集团体或结块，将削弱其光学性能。

金红石型$TiO_2$因具较高的$TiO_2$含量和折射率，以及优异的粒径和粒径分布，涂布效果最好。

在某些特定应用场景下，特别是当$TiO_2$颜料在涂料中的比例较高时，采用较厚的金红石颜料涂层可能更为适宜。这是因为经表面处理的金红石颜料表面附着的松软无机物涂层可以增加$TiO_2$粒子间的空隙，从而有效提升涂料的吸附能力。

## 3.7 石膏

### 3.7.1 石膏的来源

石膏在自然界存在于沉积岩中，是含有二水硫酸钙的硫酸盐矿物。它除用于制造铸模外，还应用于水泥和建筑板的生产中。石膏也是许多工业生产的副产品，其中生产量巨大的一种石膏是磷酸工业的副产品磷石膏。石膏也来源于二氧化钛、柠檬酸和氢氟酸的生产过程。每年有1.5亿吨以上的工业石膏被生产出来，但其应用往往受工业石膏杂质的制约。烟气脱硫过程（flue gas desulfurization，FGD）是生产石膏的第三个重要来源。在该生产过程中，硫被结合成钙的化合物，然后根据所用方法，生产出石膏或亚硫酸钙。每年全世界这类石膏的生产总量大约为3000万吨，随着受日益严格的环保政策驱动，脱硫技术的不断发展，这个数字正在持续增长。使用FGD的行业主要是灰泥板（plaster board）和水泥工业。

作造纸颜料用的各种石膏在适用性上存在显著差异。虽然天然石膏不含有害杂质，但其白度仅为中等水平。FGD石膏通常呈现灰色，其白度可以通过工艺选择和原材料加以控制。磷石膏的纯度主要取决于所使用的磷酸盐矿石的质量。源自磷酸盐沉积岩的石膏呈灰色或棕色，通常含有一定量的重金属，并且可能略带放射性；而来自磁化磷酸盐岩的石膏往往呈纯净的白色，非常适合作为颜料的原材料。

西班牙是最早使用石膏制造填料的国家，其造纸工业应用石膏的历史悠久。巴西也生产填料级石膏，但其原料是磷石膏。意大利则使用钛石膏来制造填料。芬兰是唯一一个生产用于纸张涂布的石膏颜料的国家。德国和日本等国家已经展开了对将FGD石膏用作颜料的相关研究。

### 3.7.2 石膏的性能

1. 物理性能

硫酸钙以含不同结晶水形式存在，但在多数情况下，石膏专指二水硫酸钙（$CaSO_4 \cdot 2H_2O$），其他形式的硫酸钙冠以附加名以示区别，例如半水石膏（$CaSO_4 \cdot 1/2H_2O$）、无水石膏、煅烧石膏和抹灰用石膏等。

二水石膏的结晶水在加热时被释出，最终硫酸钙（$CaSO_4$）转化成氧化钙与二氧化硫：

$$CaSO_4 \cdot 2H_2O \longrightarrow CaSO_4 \cdot 1/2H_2O + 3/2H_2O$$
$$CaSO_4 \cdot 1/2H_2O \longrightarrow CaSO_4 + 1/2H_2O$$
$$CaSO_4 \longrightarrow CaO + SO_2 + 1/2O_2$$

二水石膏中的结晶水是以松散的结合方式存在的。在大气湿度较低的情况下，结晶水会在45℃与80℃的低温下释放，这会导致混合物中半水石膏的比例逐渐上升。随着温度的进一步升高，半水石膏也开始释放其结晶水，转换为无水石膏。这样就形成了含有不同比例结晶水的混合物。结晶水也相对容易地重新结合到半水石膏中。在大气相对湿度较高的情况下，平衡会倾向于二水石膏的一方，即使温度超过100℃也是如此。

石膏最著名的应用方法是基于其硬化功能开发的。将石膏作为起始原料，使其在温度120℃至180℃之间烧成半水石膏。如果加水成为泥浆，则半水石膏又会重新结合失去的结晶水，形成坚硬的二水石膏。无水石膏Ⅲ和Ⅱ是在300℃与900℃的温度下制备而成的。无水石膏Ⅰ是1180℃以上的温度条件下制得的，此时部分硫酸钙开始转化成CaO。在1450℃时，石膏完全分解成氧化钙与二氧化硫。

不同结晶水状态下的石膏都具有独特的晶体结构和物理性能。作涂布颜料用的石膏主要由二水石膏组成，它是硫酸钙最稳定的形式，因其不会再结合任何更多的结晶水，所以它的水悬浮液并不会发生硬化。

2. 溶解度

石膏的溶解度与温度的相关性很小，但其常温下的溶解量要大于其他颜料。每升饱和石膏溶液含有大约2.1 g的$CaSO_4$，相当于2.5 g/L的二水石膏和580 mg/L的钙浓度。

二水石膏在水中的溶解度与pH值之间存在函数关系。与碳酸钙在酸性pH值下发生分解不同，石膏的溶解度实际上并不受纸机作业区域pH值的影响。在伪中性区域（pH为6.5～7.0），碳酸盐和石膏的钙离子含量是相同的。然而，石膏在溶解过程中并不会像碳酸盐那样释放气体。

细粒石膏颜料的溶解速率较高，因此在纸机水循环系统中很容易达到溶解平衡。与碳酸盐不同，石膏是一种中性盐，它不会缓冲循环水的pH值。石膏颜料一旦溶解，无论是在酸性还是中性的抄纸过程中，都不会产生差异。

### 3.7.3 石膏在造纸涂布中的应用

用于涂布的石膏粒子呈斜方形，其形态比为3∶1～4∶1，介于GCC和低形态比的高岭土之间。经过研磨处理后，石膏粒子既可以作光泽颜料用，也可以作为亚光颜料使用。合成石膏，也称为沉淀硫酸钙，其粒子形状会根据不同的沉淀条件而有所不同。迄今为止，只有重质石膏被广泛用作涂布颜料。

石膏在特定的 pH 值范围内具有较高的溶解度，能够产生较多的离子并可能破坏其他颜料的静电稳定性。因此在整个造纸行业中，石膏并没有被广泛采用，但特别的是，其在芬兰地区的应用较为普遍。

在相同的涂布量下，由于石膏的低密度特性，涂布层厚度会有所增加，这有助于改善纸张的光学特性，尤其是提高其不透明度。

## 3.8 塑胶颜料

涂布颜料中往往包含有一小部分的合成有机颜料，其中最典型的是塑胶颜料，例如聚苯乙烯。1972 年，苯乙烯被首次引入作为涂布纸光泽度助剂的聚合胶乳名单中。这些合成聚合物用于替代某些无机颜料，主要目的是增强涂布纸和纸板的外观效果以及印刷性能。

### 3.8.1 种类

塑料颜料实际上是具有较高玻璃化转变温度的胶乳，因此它们不易形成塑料薄膜。这些颜料粒子呈现球形，并且可以通过乳液聚合技术制备成不同尺寸的粒子，如 $0.1 \sim 1.0\ \mu m$。此外，它们还可以被制造为空心结构，这样不仅可降低颜料的密度，还可使得每个粒子的光折射表面面积翻倍。这些颜料可以根据不同的粒径、成分以及空心球形的不同空腔容积进行多样化设计。图 3-14 所示为两种不同塑料颜料的扫描电子显微镜照片，在这些照片中无法观察到空心球形颜料的内芯。然而，通过冷冻破裂技术，可以清晰地看到这些内芯结构。

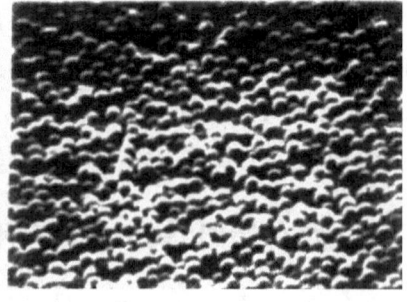

图 3-14 两种塑胶颜料的 SEM 照片

## 3.8.2 物理和化学性能

### 3.8.2.1 典型特性

塑胶颜料是以水分散的聚合物粒子形式提供的。对于空心球形颜料来说，这些粒子是充满水的微小球体。在干燥过程中，水从外壳中扩散出来，留下一个充满空气的内芯，这就是它们被称为空心球的原因。

多种合成聚合物可用于制造塑胶颜料。对于能作为颜料用的聚合物，其性能上的关键要求是在涂布和干燥过程中不形成薄膜，并能保持分散的粒子状态。如果聚合物粒子在干燥时形成薄膜，它们会延缓涂层的固化并干扰光泽度的形成，这是影响塑胶颜料使用的一个重要原因。此外，如果形成了薄膜，矿物颜料之间的空隙可能会被聚合物部分填充，从而使颜料不透明度和白度降低。对于空心球形颜料，薄膜的形成会导致球内空气流失，显著降低颜料整体的不透明度。

任何玻璃化转变温度($T_g$)高于50℃的单体或共聚物均可作塑胶颜料用。由于上述应用性能以及成本和可获得性等因素的限制，苯乙烯通常是塑胶颜料中的首选。目前，聚苯乙烯及其共聚物占据了塑胶颜料主要的商业市场份额。表3-7所示为塑胶颜料的典型特性。

表3-7 塑胶颜料的典型特性

| 项目 | | 性能 |
|---|---|---|
| 外观 | | 牛奶状白色液体 |
| 质量固含量/% | 实心小球 | 48~55 |
| | 空心小球 | 27~40 |
| 体积固含量/% | | 47~57 |
| pH | | 6~10.5 |
| Brookfield 黏度/(mPa·s) | | <500 |
| 粒径/nm | 实心小球 | 100~550 |
| | 空心小球 | 300~1100 |
| 粒子电荷 | | 阴性 |
| 羧基化水平 | | 低 |
| $T_g$/℃ | | 80~105 |
| 含水分散液相对密度 | | 1.03~1.06 |
| 固相相对密度 | 实心小珠 | 1.01~1.05 |
| | 空心小球 | 0.5~0.85 |

### 3.8.3 应用

**1. 典型配方**

塑胶颜料多数情况下作添加剂用,可取代 3%～20% 的矿物颜料。在该用量水平,涂布颜料的体积将略有增加。但整体涂料中,此部分颜料体积的增加借由塑胶颜料中所含光滑、匀称的球形粒子作用而得到抵消,由于其单位胶黏剂需要量较少,在该取代水平,一般不需增加胶黏剂的用量来保持涂料的强度。

**2. 流变性**

影响涂料流变性的关键因素包括粒子的堆积密度、粒子间的化学相互作用以及体积固含量。含有塑胶颜料的涂料在流变性方面通常与全矿物颜料系统相似。当两者质量固含量相等时,由于塑胶颜料的密度通常低于矿物颜料,因此体积固含量会因为密度的差异而增加。这意味着,含塑胶颜料的涂料的 Brookfield 和 Hercules 高剪切黏度有时会略高于全矿物颜料系统。例如,塑胶颜料粒子的密度大约是高岭土的 0.2 至 0.4 倍。换句话说,当塑胶颜料与高岭土以等质量比较时,其体积固含量可以高达 2.5 至 5 倍。这种体积固含量的显著差异可以通过用光滑球形的塑胶粒子取代不规则形状的高岭土粒子来抵消。通常,只需略微调整涂布配方的固形物组成即可实现相等的体积固含量,从而使得全矿物颜料涂料与含塑胶颜料涂料在流变性方面不产生显著差异。

**3. 光学性能**

塑胶颜料通过提升纸张的光泽度、白度和不透明度,显著增强了涂料的光学性能。这些光学性能的提升程度受到塑胶颜料的粒径、空心球形粒子的空隙体积、所用的矿物颜料以及整饰工艺和方法的影响。印刷性能的提升通常是通过优化纸张的光泽度、平滑度、吸墨性和保墨性的平衡来实现的。

由于塑胶颜料具有整饰作用,能够以更加温和的压光条件达到规定的光泽度值。这些条件减少了对涂布纸的压缩,从而提高了纸张的松厚度和挺度。松厚度的增加,亦使得纸张的可压缩性增加,这进一步优化了轮转凹印中的油墨转移。由于减少了脱漏网点,成品纸上的图像的清晰度将得到提升。

使用塑胶颜料的涂布纸所需要的整饰强度较低,有利于提高生产效率。超级压光机可在低温低压下运行,来获得目标光泽度值,进而可增加辊子寿命。超级压光机更常被加速以提高产量,现代纸机运行速度的不断提升以及产量需求的不断增加，亦对超级压光机的速度提出了更高的要求。

## 思考题

1. 颜料的形态比是怎么定义的？它是如何影响涂料的特性的？
2. 讨论一下研磨碳酸钙的性质及其化学性能。
3. 与碳酸钙相比，高岭土的优势和劣势是什么？
4. pH 值的变化对高岭土粒子的表面有什么影响？
5. 塑胶颜料的优势和劣势是什么？

# 4 涂布用胶黏剂

### 学习要点

- 胶黏剂的作用和类型
- 常用的胶黏剂

### 学习目标

- 了解胶黏剂的作用和类型
- 掌握胶乳、淀粉、聚乙烯醇的特点
- 掌握胶乳、淀粉、聚乙烯醇等胶黏剂的运用方法
- 了解大豆蛋白、羧甲基纤维素等其他胶黏剂
- 了解生物胶乳等新型胶黏剂

## 4.1 概述

### 4.1.1 胶黏剂的作用

胶黏剂是涂料中含量排名第二的组分,其作用是:
(1)黏结颜料粒子和原纸(图4-1Ⓐ)。
(2)使颜料粒子互相黏结(图4-1Ⓑ)。
(3)填补颜料粒子之间的部分空隙(图4-1Ⓒ),形成多孔涂层结构(注:过多使用胶黏剂,空隙率减少,常常会导致不透明度降低)。
(4)影响涂料的黏度与保水性。

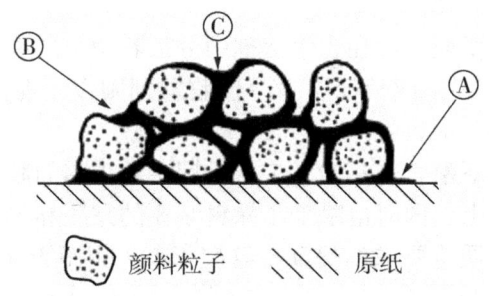

图4-1 胶黏剂在涂层中的功能

## 4.1.2 胶黏剂的类型

根据在涂料中的用量差异,胶黏剂可分为主胶黏剂、共胶黏剂和单一胶黏剂。单一胶黏剂是指在涂料中可单独实现胶黏剂所有规定功能的一种单组分胶黏剂。通常情况下,胶黏剂体系由两种胶黏剂混合组成。其中,主胶黏剂起到黏结作用,而共胶黏剂则用于影响涂料的流变性与保水性,其用量一般小于主胶黏剂。

胶黏剂可依据其来源和在水中的溶解度进行分类,详见表4-1。

表4-1 胶黏剂的分类

| 不溶于水 | 可溶于水 |
| --- | --- |
| **合成聚合物**<br>胶乳类(丁苯胶乳、苯乙烯丙烯酸酯胶乳、聚乙烯乙酸酯胶乳等) | **天然聚合物衍生物**<br>淀粉类(氧化淀粉、酶转化淀粉、阳离子淀粉等)<br>蛋白质类(干酪素,豆酪素等)<br>纤维素衍生物类(羧甲基纤维素等)<br>**合成聚合物**<br>聚乙烯醇(即PVA或PVOH) |

相较于不溶于水的胶乳,可溶于水的胶黏剂能为涂层提供更优的保水性。它们还能够影响涂料的流变性能,增加涂料的黏性,并赋予其假塑性和触变性。某些合成的共胶黏剂也展现出相似的效应。

常见的蛋白质类胶黏剂分为两种:干酪素和豆酪素。干酪素在过去是主要的胶黏剂,但现在它的重要性主要体现在铸涂工艺中。豆酪素则是一种极为重要的胶黏剂,尤其是在北美地区。

胶乳以分散形式供应,即在含水溶剂中分散着微小的聚合物颗粒。胶乳分散体的干固含量大约为50%或稍低。水溶性胶黏剂则以干粉形式供应,在需要使用时先将其溶解再加入涂料中。

淀粉、干酪素和豆酪素曾是造纸工业早期主要采用的胶黏剂。这些产品不仅可将颜料黏结在纸张上,同时也赋予了涂料必要的黏度和保水值。然而,随着市场对运行性能和涂布质量要求的提高,这些天然产品逐渐被合成胶黏剂所取代,这些合成胶黏剂包括苯乙烯/丁二烯、苯乙烯/丙烯酸酯和乙烯乙酸酯聚合物的分散体。因此,天然产品(主要是淀粉和豆酪素)目前多作为共黏剂使用。

羧甲基纤维素(CMC)是一种灵活的多功能产品,具有较多的性能,在全球多个地区得到广泛应用。

合成的共黏剂和增稠剂包括聚乙烯醇(PVOH)、丙烯酸共聚物和缔合增稠剂。聚乙烯吡咯烷酮(简称PVP)作为共黏剂,主要与PVOH一起使用。

## 4.2 胶乳

### 4.2.1 定义

新韦氏大词典对胶乳的定义如下:"①胶乳通常是一种白色乳液,由多种种子植物(如牛奶草、大戟属植物和罂粟属植物)的细胞产生,是橡胶、杜仲胶、糖胶树胶和巴拉塔树胶的原材料;②胶乳也是一种由聚合反应形成的合成橡胶或塑胶,主要应用于涂料(如油漆)与黏合剂的生产中。"综合这些定义,我们可以更广泛地将胶乳描述为含有或不含水分子的聚合物胶体粒子分散体系,其粒径大小一般在10～1000 nm的范围内。在造纸工业中作为涂布胶黏剂使用的胶乳,则可以更精确地定义为含有水分子的聚合物胶体粒子分散体系,其粒径大小在50～300 nm范围内。在科学文献中,胶乳常被称为聚合物胶体,这些术语可交换使用。图4-2显示了均一胶乳粒子的透射电子显微(TEM)图像。

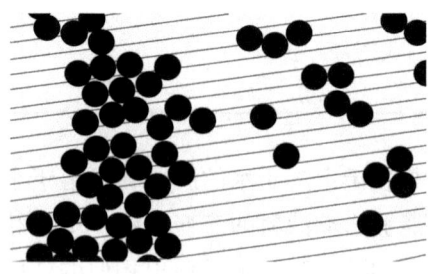

图4-2 均一胶乳粒子的TEM图像

## 4.2.2 造纸涂布胶乳的类型及其特征

在造纸涂布行业，常见的胶乳主要有三种类型：苯乙烯-丁二烯胶乳（通常称为丁苯胶乳或 SB 胶乳）、苯乙烯-正丁基丙烯酸酯（SA）胶乳和聚乙烯乙酸酯（PVAc）胶乳。这些胶乳在化学成分、功能特性、分子结构以及粒径等方面存在着显著的差异。

首先，SB 胶乳是由苯乙烯和丁二烯按不同比例（40/60 至 80/20）共聚而成的改性共聚物，其玻璃化转变温度（$T_g$）范围在 $-25 \sim 50$℃之间。SA 胶乳则是由改性的苯乙烯与正丁基丙烯酸按不同比例（40/60 至 60/40）混合而成的，$T_g$ 值介于 $-10 \sim 40$℃之间。PVAc 胶乳大多是均聚物胶乳，其 $T_g$ 约为 30℃，而湿胶乳的 $T_g$ 约为 13℃，因此它们属于室温成膜型胶乳，尽管其聚合物的 $T_g$ 相对较高。

除了在应用上各自具备独特的性能外，SB 和 SA 胶乳在造纸涂布性能上非常相似，如高黏结强度和高机械稳定性，且可发现在羧化水平上其均有高、中、低三种不同等级。为了提高表面动力学、增加功能性以及极性，它们常常与丙烯酯（VCN）或甲基丙烯酸酯（MMA）共聚。在日本，羧化的 SB/MMA/VCN 胶乳被广泛用作造纸涂布胶黏剂。

另一方面，PVAc 胶乳主要是均聚物胶乳，但也用作乙烯丙烯酸胶乳（与乙基丙烯酸酯或正丁基丙烯酸酯的乙烯乙酸酯共聚物）以及乙烯丙烯酸酯乙撑共聚物胶乳，且有时会略微羧化。PVAc 均聚物和共聚物胶乳均具有高极性与亲水性，容易水解形成聚乙烯醇，从而使其亲水性增加。这些特性使得它们在造纸涂布中具有高度的水润胀性，并且它们的粒子表面也因聚乙烯醇的改变而变得不同。

在分子结构上，因为丁二烯含有两个双键，SB 胶乳共聚物是交联型的，而 SA 和 PVAc 胶乳聚合物则一般是线型的（除非被特意制造为交联型）。由于 SB 胶乳共聚物的交联结构，其特性主要通过凝胶和润胀指数以及可溶部分的分子量来表示。相比之下，SA 和 PVAc 胶乳聚合物通常可溶于适当溶剂中，并通过分子量来表征，尽管它们也可能被故意交联而用以提高不溶性。

全球范围内，SB 胶乳比 SA 和 PVAc 胶乳更常作为造纸涂料的胶黏剂。然而，在各地区的应用上，SA 胶乳在欧洲地区的使用量超过了北美地区和亚洲地区，而 PVAc 胶乳在北美地区有着更广泛的应用。

表 4-2 汇总了三种主要造纸涂布胶乳的特性，并介绍了它们在造纸涂布应用中的性能特征。

表4-2 造纸涂布胶乳的特性

| 胶乳类型 | 化学性质和分子结构 | 次要的共聚单体 | 改性剂 | 造纸涂布使用性能特征 |
| --- | --- | --- | --- | --- |
| SB胶乳 | 交联丁苯共聚物 | 丙烯腈,异丁烯酸甲酯等 | 乙烯酸,羟乙基丙烯酸酯,丙烯酰胺等 | 高黏结强度,高固含量刮刀涂布运行性能,高涂布光泽度,高油墨光泽度 |
| SA胶乳 | 苯乙烯-正丁族共聚物 | 丙烯腈,异丁烯酸甲酯等 | 乙烯酸,羟乙基丙烯酸酯,丙烯酰胺等 | 高固含量刮刀涂布运行性能,高涂布光泽度,高油墨光泽度,对光稳定 |
| PVAc胶乳 | 线型乙烯乙酯均聚物 | 乙基或丁基丙酸酯,乙醇等 | 乙烯酸 | 抗起泡涂料,有较好的纤维覆盖率,气孔较多的涂料或纸板涂料 |

## 4.3 淀粉

### 4.3.1 淀粉的基本特征

淀粉是一种天然高分子化合物,广泛存在于植物的种子或根茎中。淀粉是自然界中继纤维素之后第二个含量最丰富的有机物。淀粉与纤维素都含有葡萄糖单体,差别是葡萄糖单元之间连接键的排列方向不同。葡萄糖单元之间的键称为糖苷键,淀粉的所有糖苷键都排列在同一方向,而纤维素的两个相邻糖苷键的排列方向是相反的。纤维素分子是由 D-葡萄糖基通过 $\beta$-1,4-糖苷键连接而构成的(图4-3);而淀粉分子是由 D-葡萄糖基通过 $\alpha$-1,4-糖苷键连接而构成的(图4-4)。这种结构上的差异赋予了纤维素和淀粉各自独特的性质。纤维素和淀粉的结构差异源于它们所含糖苷键特性的不同。纤维素分子通过 $\beta$-1,4-糖苷键连接,形成直线型聚合物,并且能够构建成部分结晶化的纤维。相反,淀粉分子通过 $\alpha$-1,4-糖苷键连接,形成卷绕型聚合物,并且以非结晶态存在,呈现出颗粒状的结构。

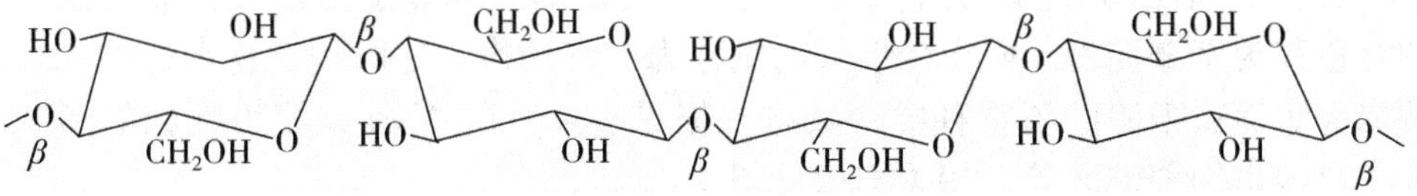

图 4-3 纤维素

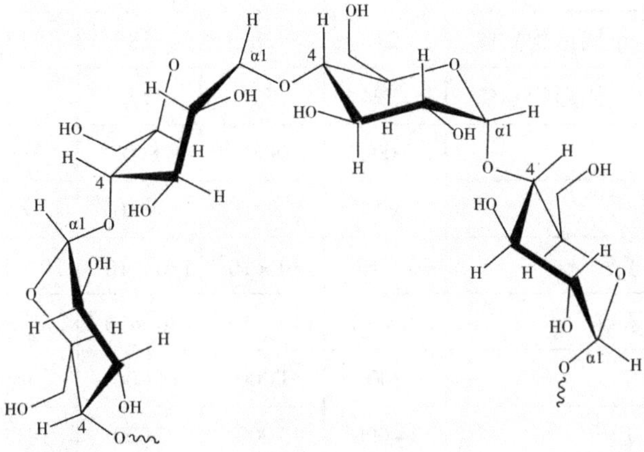

(a) 直链淀粉

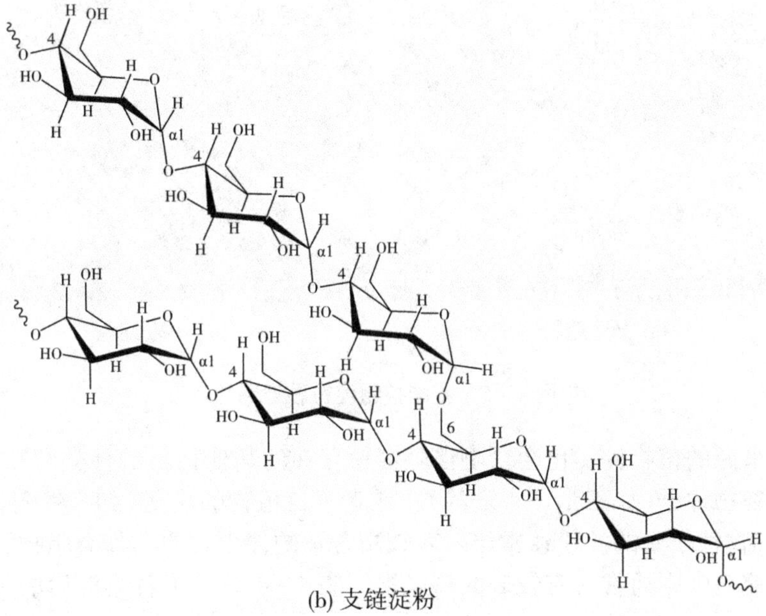

(b) 支链淀粉

图 4-4 淀粉的结构

图 4-4 展示了淀粉的两种结构形态：支链形式和非支链形式。非支链形式的淀粉称为直链淀粉，而支链形式的则称为支链淀粉。这两种淀粉形态的相对比例取决于淀粉来源的植物种类，具体数据见表 4-3。此外，淀粉颗粒的形状和大小也因植物种类而异，相关图像见图 4-5。

表 4-3　不同淀粉中直链淀粉和支链淀粉的数量与特征

|  | 马铃薯 | 玉米 | 小麦 | 木薯 | 黄玉米 |
| --- | --- | --- | --- | --- | --- |
| 直链淀粉的质量分数（干固形物）/% | 21 | 28 | 28 | 17 | 0 |
| 支链淀粉的质量分数（干固形物）/% | 79 | 72 | 72 | 83 | 100 |
| 直链淀粉聚合度 | 3 000 | 800 | 800 | 3 000 | — |
| 支链淀粉聚合度 | $2 \times 10^6$ | $2 \times 10^6$ | $2 \times 10^6$ | $2 \times 10^6$ | $2 \times 10^6$ |
| 每克淀粉直链淀粉分子数 | $30 \times 10^{20}$ | $130 \times 10^{20}$ | $130 \times 10^{20}$ | $20 \times 10^{20}$ | 0 |
| 每克淀粉支链淀粉分子数 | $150 \times 10^{17}$ | $130 \times 10^{17}$ | $130 \times 10^{17}$ | $150 \times 10^{17}$ | $190 \times 10^{17}$ |
| 直链/支链分子数之比 | 200 | 1 000 | 1 000 | 150 | 0 |
| 淀粉分子的平均聚合度 | 14 000 | 3 000 | 3 000 | 18 000 | 2 000 000 |

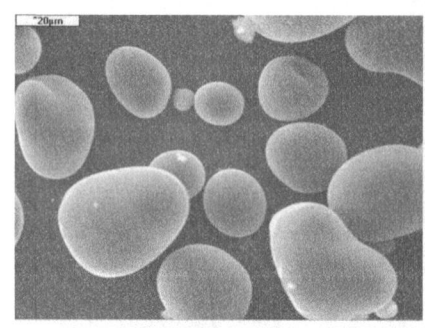
(a) 土豆淀粉

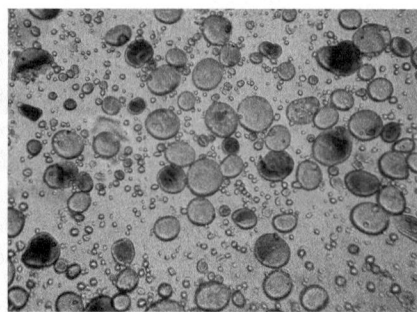
(b) 小麦淀粉

图 4-5　不同植物淀粉颗粒图片

淀粉来源的植物种类也会影响伴随淀粉存在的其他物质的种类和数量。淀粉可以来自谷物种子（如玉米、小麦等），或者来自植物的块茎（如马铃薯）和根（如木薯）。谷物种子中的淀粉通常伴随着较高含量的伴生物质，如类脂物和蛋白质。而马铃薯淀粉中则通常含有较多的磷元素。表 4-4 总结了各类淀粉的基本特性，并展示了它们在不同植物来源下的差异。

## 4 涂布用胶黏剂

表 4–4 淀粉的基本特征

| 特征 | 来源 | | | | | |
|---|---|---|---|---|---|---|
| | 马铃薯 | 大麦 | 小麦 | 玉米 | 黄玉米 | 木薯 |
| | 块茎 | 谷类 | 谷类 | 谷类 | 谷类 | 块茎 |
| 颗粒规格/μm | 10~100 | 10~35 | 3~35 | 5~25 | 4~30 | 3~30 |
| 胶凝温度/℃ | 60~65 | 80~85 | 80~85 | 75~80 | 65~70 | 65~70 |
| 水分(相对湿度65%时)/% | 19 | 13 | 13 | 13 | 13 | 13 |
| 蛋白质质量分数/% | 0.05~0.1 | 0.3~0.5 | 0.3~0.5 | 0.3~0.5 | 0.2~0.4 | 0.05~0.1 |
| 脂肪质量分数/% | 0.05 | 0.4 | 0.8 | 0.7 | 0.2 | 0.1 |
| 灰分质量分数/% | 0.3~0.4 | 0.1~0.2 | 0.2~0.4 | 0.1~0.2 | 0.1~0.2 | 0.2~0.3 |
| 磷元素质量分数/% | 0.08 | 0.02 | 0.06 | 0.02 | 0.01 | 0.01 |

造纸工业所用淀粉的主要来源有玉米、小麦、马铃薯和木薯等。在淀粉原料的选择上,一般根据各国的情况和应用的需要来确定。例如,中国造纸工业主要使用玉米淀粉,其次是木薯淀粉;美国主要使用玉米淀粉;荷兰主要使用马铃薯淀粉;泰国主要使用木薯淀粉。

### 4.3.2 淀粉的制备

淀粉常呈颗粒状,且密度大于水,这导致它在储存时容易沉降至容器和管道的底部。为了防止淀粉颗粒沉降,在储存淀粉悬浮液时需要持续对其进行搅拌,或者使其在管道中保持流动状态。

在准备使用淀粉时,通常需要对其进行蒸煮处理。蒸煮工作可以通过间歇法蒸煮器或喷射式蒸煮器来完成。间歇法蒸煮器适用于批量蒸煮,其中淀粉悬浮液需加热至90℃以上并保持20分钟以上;而喷射式蒸煮器则用于连续蒸煮,能够在短时间内将温度提升至120~140℃。

在蒸煮过程中,淀粉颗粒从40~50℃开始膨胀,随后淀粉聚合物开始溶解。值得注意的是,淀粉只有在溶解状态下才表现出胶黏性质,这一点在图4–6中有所展示。

由于淀粉可以为细菌提供繁殖的环境,因此,妥善保管淀粉变得尤为重要。需定期对系统进行清洗,以去除积累的各类垢层,从而确保淀粉的质量和卫生安全。

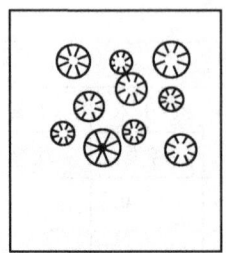 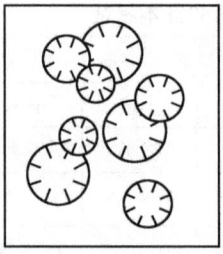 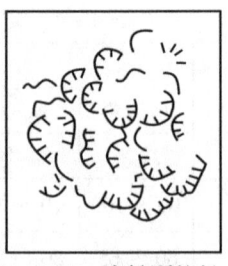 

(a) 30℃，淀粉悬浮液（低黏度）    (b) 50℃，膨胀淀粉（较高黏度）    (c) 70℃，淀粉颗粒松散化（最高黏度）    (d) 95℃，淀粉浆糊（较低黏度）

图 4-6 蒸煮期间不同温度下淀粉的状态

### 4.3.3 淀粉的变性

天然淀粉在经过蒸煮处理后，黏度会显著增加，淀粉聚合物倾向于重新黏结，形成难以逆转的凝胶，这导致其流动性变差。此外，一旦淀粉被水稀释，体系中容易发生沉淀反应，且淀粉容易老化，这些特性使得天然淀粉不能直接满足造纸工业的需求。

为了满足造纸工业的需要，涂布用淀粉在涂布加工的前、中、后都必须进行改性处理，以获得所需的性能。改性后的淀粉通常被称为变性淀粉。变性淀粉已成为造纸工业中不可或缺的化学品，占造纸化学品总质量的80%～90%，其消耗量仅次于纤维和填料。

变性淀粉的制备方法多种多样，而且这个领域仍在不断地发展。图4-7展示了淀粉变性的方法，为造纸工业提供了选择。

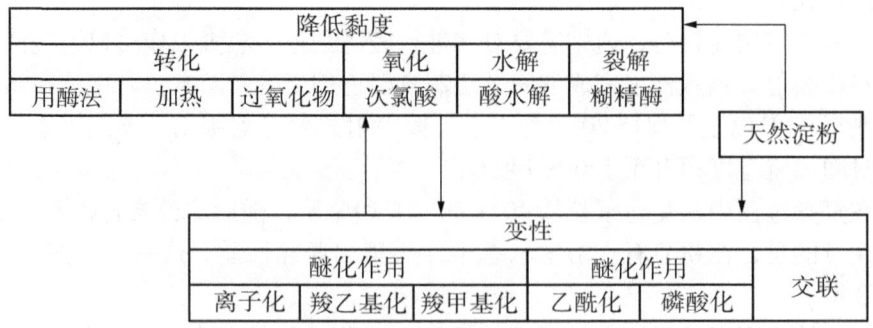

图 4-7 淀粉的变性

## 4.3.4 涂布用淀粉的作用

涂布用淀粉的主要功能是作胶黏剂用，它能够将颜料和其他添加剂牢固地黏结在纸张上。淀粉膜的挺硬特性还赋予了纸张良好的挺度，其对于保障印刷机的顺畅运行和纸张的易读性而言至关重要。然而，由于在凹版印刷中纸张表面弹性的重要性，淀粉的性能在一定程度上限制了其在凹印用纸和纸板中的应用。

淀粉还能有效降低纸张的表面透气度，因此其亦被广泛应用于无光泽压光纸的生产中，以增强印刷纸的油墨光泽度和改善其表面光泽度。在双层涂布纸的生产中，淀粉的预涂配料使用不仅提高了面涂的性能，还提升了整体的涂布效果。

淀粉作为一种水溶性胶黏剂，对水分的存在较为敏感。例如在胶印过程中，为了避免水分削弱连接效果，通常会在涂料中加入交联聚合物，以增强涂层的稳定性和耐水性。

## 4.4 豆酪素

豆酪素，也被称为大豆蛋白或豆蛋白，多年来一直在纸和纸板涂料的生产中作功能性共黏剂用。在北美，大豆蛋白是传统纸板涂布配料中的主要共黏剂。而在欧洲和亚太地区，大豆蛋白产品获得的广泛认可则得益于新产品技术的开发。

近年来，人们深入研究大豆蛋白的化学性质并改革制造工艺，使得纸和纸板涂布工业中使用的新型大豆蛋白产品得到了快速发展。新一代的大豆蛋白产品在功能性、易用性、外观以及对微生物的稳定性方面都展现出了显著的改进，使其具备了独特的使用性能。

### 4.4.1 组成和性质

大豆是豆科植物中的一种，其植物形态类似于灌木，高度在 0.3 m 至 2 m 之间。大豆的生长季节大约为 120 天，通常在春季播种、在秋季收获。作为一种应用广泛的可再生资源，大豆已在全球范围内得到广泛种植。美国是世界上最大的大豆生产国，大豆在美国是排名仅次于小麦和玉米的大宗农作物。此外，巴西、中国和阿根廷也是重要的大豆生产国。

大豆的组成除豆荚（8%）外，主要是蛋白质（占40%）、纤维性多糖（占18%）、可溶性碳水化合物（占14%）、油（占20%），如图 4-8 所示。大豆蛋白的基本生产方法相对简单,首先通过溶剂抽提去除大豆中的蛋白,然后使用碱抽提分离大豆蛋白。在这一工序之后,提取出的蛋白会经多种特殊的化学改性处理,以便获得所需的产品性能和功能。这些化学改性工艺不仅可提高产品的性能,还可保证产品的质量符合标准,这对于源自天然资源的产品来说至关重要。

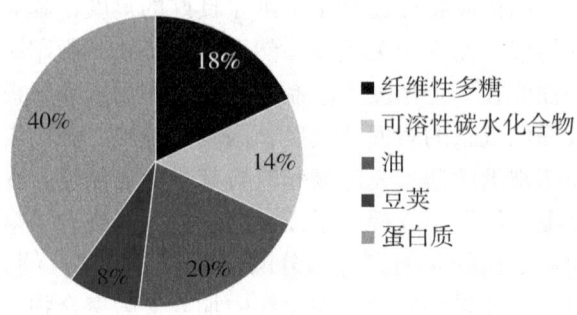

图 4-8 大豆的组成

大豆蛋白由 20 种已知氨基酸随机排列组成(见表 4-5)。这些氨基酸分为亲水和疏水两类,并且带有负电荷和正电荷,使得大豆蛋白在性质上表现为两性。在涂布工业中使用的大豆蛋白制品通常带有纯负电荷,但它们含有永久性的阳离子反应基,这对于制品与各种颜料发生反应至关重要。通过化学改性,可以对大豆蛋白在涂布配料中的电荷特性进行控制,进而调节其反应性能。表 4-6 列举了几种活性反应基,如氨基、羧基、羟基、苯基和硫氢基,这些基团可以参与多种化学改性反应。

表 4-5 大豆蛋白的氨基酸组成

| 性能 | 氨基酸 | 摩尔分数/% | 侧基 |
| --- | --- | --- | --- |
| 亲水性 | 半胱氨酸 | 0.68 | —$CH_2SH$ |
| | 脯氨酸 | 6.33 | 吡咯烷基 |
| | 苏氨酸 | 4.01 | —$CH(CH_3)OH$ |
| | 酪氨酸 | 2.64 | —$H_2C$—〈苯环〉—$OH$ |
| | 天冬氨酸 | | —$CH_2COOH$ |
| | 天冬酰胺 | 11.33 | —$CH_2$—$C(=O)$—$NH_2$ |

续表 4-5

| 性能 | 氨基酸 | 摩尔分数/% | 侧基 |
|---|---|---|---|
| 亲水性 | 谷氨酸 | 18.11 | —CH₂CH₂COOH |
| | 谷酰胺 | | —H₂C—H₂C—C(=O)—NH₂ |
| | 组氨酸 | 2.19 | —H₂C—(咪唑环) |
| | 赖氨酸 | 5.50 | —CH₂CH₂CH₂CH₂NH₂ |
| | 精氨酸 | 5.56 | —H₂C—H₂C—H₂C—NH—C(=NH)—NH₂ |
| | 丝氨酸 | 6.34 | —CH₂OH |
| 疏水性 | 丙氨酸 | 5.92 | —CH₃ |
| | 蛋氨酸 | 1.10 | —CH₂CH₂SCH₃ |
| | 缬氨酸 | 5.15 | —CH(CH₃)₂ |
| | 亮氨酸 | 8.53 | —CH₂CH(CH₃)₂ |
| | 苯丙氨酸 | 4.03 | —H₂C—C₆H₅ |
| | 异白氨酸 | 4.70 | —CH₂(CH₃)CH₂CH₃ |
| | 色氨酸 | 0.86 | —CH₂—(吲哚环) |
| | 甘氨酸 | 7.03 | —H |

表 4-6 大豆蛋白的活性反应基

| 功能性侧链（未改性） | 化学式 |
|---|---|
| 氨基 | —NH₂ |
| 羧基 | —COOH |
| 羟基 | —OH |
| 苯基 | —C₆H₅ |
| 硫氢基 | —SH |

## 4.4.2 使用方法

新一代的化学改性大豆蛋白产品在使用上相较以往更为便捷。目前，大豆蛋白可以干态形式直接混入颜料浆液中，或者预先溶解后再添加至涂料中。为了确保大豆蛋白与颜料的最大化相互作用，建议在添加其他涂料成分前，首先将大豆蛋白加入颜料浆液中。

干态添加方法涉及将干燥的大豆蛋白撒入颜料浆液中，随后使用搅拌器（如Kady 研磨机或 Cowles 混合机）进行充分搅拌，以确保溶质均匀分散且呈无结块状态。为了促进分散过程，建议在添加大豆蛋白前，先将颜料浆液调节至较高的碱性 pH 值。

溶液添加方法：根据产品类型的不同可配制不同浓度的大豆蛋白溶液。在此过程中，剪切力、碱性 pH 值、温度和混合时间均是影响大豆蛋白溶解性的关键因素。提高剪切力、碱性 pH 值和温度可以缩短混合所需时间。标准大豆蛋白溶液的制备条件通常为：使用 5% 氢氧化钠或 15% 氢氧化铵（以干物质对干物质的比例），在 60℃下混合 30 分钟。值得注意的是，部分新一代大豆蛋白产品在制备过程中可能无需添加碱性物质。

## 4.5 聚乙烯醇

### 4.5.1 聚乙烯醇简介

#### 4.5.1.1 聚乙烯醇的结构

聚乙烯醇（PVA），其化学结构如图 4-9 所示，是一种固体化合物，其分子结构由带有羟基的烃链组成，具有 1,3-乙二醇的结构特点。聚乙烯醇的链上，每隔一个碳原子就有一个羟基。根据聚乙酸乙烯酯水解的完全程度，聚乙烯醇链上会残留一定数量的乙酰基团。

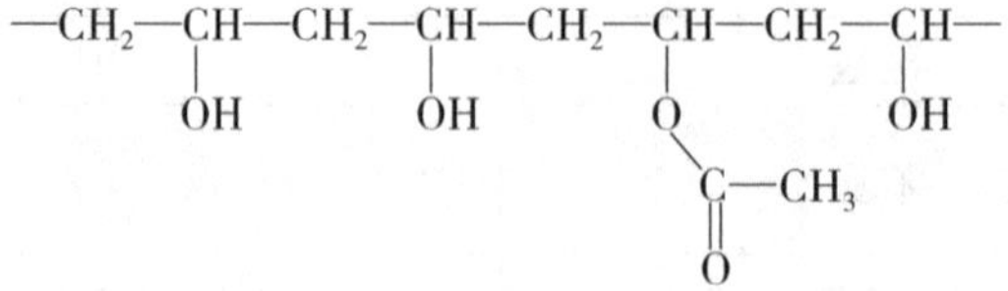

图 4-9 聚乙烯醇的化学结构

在乙酸乙烯的聚合过程中，固定的羟基与乙酰基之间的立体化学结构形成了接点。类似于大多数自由基聚合反应，PVA聚合物呈现出无规立构特征，即其分子中的官能团是随机定向的。

#### 4.5.1.2 聚乙烯醇的性能

PVA的主要特性指标是分子量和水解度。其分子量可以通过在特定条件下的溶液黏度来衡量，而水解度则通过酯值（EV）来测量，它表示碱性聚乙酸乙烯酯"皂化"转化为PVA的摩尔百分比。涂料级别的PVA黏度范围为从3 mPa·s（低分子量）到6 mPa·s，而涂料用PVA的水解度通常选择在88%到99%之间。

PVA水溶液的黏度受分子量、浓度、温度和水解度的影响。在相同水解程度下，较高的浓度或较低的温度会导致溶液黏度增加。对于相同分子量的PVA，完全水解的产品比部分水解的产品具有更高的黏度，这是因为完全水解产物中氢键的数量更多。

随着水解度的增加（从97%提升到100%），PVA聚合物的结晶度显著提高，这对PVA的固态性能有着重要的影响。具体表现为，PVA在冷水中的溶解度将随着水解度的提高而降低。

### 4.5.2 PVA的生产

聚乙烯醇（PVA）的生产过程分为两个主要阶段：

(1) 乙酸乙烯酯的聚合：
- 在这一阶段，乙酸乙烯酯在甲醇溶剂中通过自由基引发聚合反应进行聚合。
- 甲醇作为链转移剂，与引发剂的类型和数量共同作用，可使得聚合产物的相对分子量被调节至不同的值。
- 该聚合反应生成的聚乙酸乙烯酯是可溶于甲醇的。

(2) 醇解和精制：
- 聚乙酸乙烯酯随后与甲醇和氢氧化钠一起进行醇解反应，转化为聚乙烯醇和乙酸甲酯。
- 这个过程也被称为水解或皂化。
- 通过调整氢氧化钠的浓度、反应温度和时间，可以控制残留乙酰基的含量，这与水解程度直接相关。

- 最终产品是聚乙烯醇。

聚乙酸乙烯的醇解可以采用连续的带式处理或间歇式处理两种方式来实现。在处理过程中，需要将新形成的 PVA 从甲醇溶剂中分离出来，并进行回收。随后，通过洗涤去除副产物乙酸钠。残留物的量可以通过测定 PVA 的灰分含量来确定。最后，对 PVA 进行干燥。

连续的带式处理通常能够生成较为纯净和质量均一的 PVA 产品。而间歇式工艺则需涉及更多的 PVA 分离步骤，这些步骤可能会引入质量偏差。此外，正常情况下，干料在研磨过程中就会被磨成所需的颗粒尺寸。

### 4.5.3 PVA 的功能

#### 4.5.3.1 PVA 用作涂布胶黏剂

在 20 世纪 70 年代，聚乙烯醇（PVA）是涂布纸板行业中主要的胶黏剂之一。当时，纸板涂布机的运行速度相对较慢，PVA 因在颜料黏结强度方面明显优于其他胶黏剂而得到广泛应用。然而，随着涂布机速度的提升，涂布工艺对运行体系中流变性能的需求也随之提高，PVA 逐渐被其他材料取代。

尽管如此，PVA 仍然作为水溶性合成共黏剂使用，帮助提高颜料的黏结效果，从而增强涂层的抗拉毛性能。特别是完全水解型的 PVA，它能够提升纸张涂料的湿摩擦性能。实际应用中，当 PVA 的质量分数达到 0.8%（PVA 重量与颜料重量的比例）时，其黏结性可得到显著提升。

在喷墨纸张（包括颜料和无颜料纸张）的生产过程中，PVA 扮演着重要角色。在含颜料的涂料中，PVA 被作为沉淀二氧化硅或硅胶粉的专用胶黏剂使用，其在这一性能方面的表现优于传统的胶乳胶黏剂。由于二氧化硅具有高比表面积，需要大量的 PVA 来结合它。在印刷油墨中，阳离子聚氯化己二烯二甲基胺用于固定油墨，而二氧化硅则将迅速吸收液相，这一过程中所生成的物质提升了印刷品的防水性能。

#### 4.5.3.2 PVA 用于表面施胶

聚乙烯醇（PVA）因优异的水溶性、卓越的成膜能力以及对纤维和填料的良好黏附性而成为纸和纸板表面处理的重要黏结剂。它在提高纸和纸板的尺寸稳定性以及表面强度方面，发挥着显著的作用。

PVA 的效能取决于原纸的质量、所选择的品种和应用方法。它能够提升纸张的多种性能，包括尺寸稳定性、平直度、表面强度（如 $Z$ 向强度）、物理强度（如抗张强度和伸长率、耐破度和耐折度，适用于钞票纸等），以及阻隔性能（如有机硅涂布纸）。

完全水解的 PVA 品种能够保持纸张的吸水性（Cobb 值）基本不变，同时固定细小纤维，帮助将填料粒子吸附到纤维上，从而显著减少印刷过程中的粉尘和纤维脱落。

对于喷墨纸，PVA 可用于确保印刷油墨的快速干燥和使成品获得高度光亮的色泽。在固形物质量分数为 12%～15% 的情况下，通过施胶或膜式压榨涂布，纸张的 PVA 每面涂布量为 $1.5～2.0\,g/m^2$。

由于 PVA 表面施胶纸张具有良好的阻隔性能，因此它也被广泛应用于许多特种纸张的生产中。

## 4.6 羧甲基纤维素

### 4.6.1 羧甲基纤维素简介

羧甲基纤维素钠（NaCMC），通常简称为 CMC，是一种从纤维素衍生出的聚电解质。它最早是在 1918 年由纤维素与一氯乙酸在碱性溶液中反应而得到的实验室产品。到了 20 世纪 30 年代，德国开始了 CMC 的工业生产。作为一种天然产物，CMC 主要被用作胶体和胶黏剂。如今，CMC 已经成为最重要的纤维素衍生物之一，并且形成了一个非常广泛的产品系列。

### 4.6.2 CMC 的生产

羧甲基纤维素钠（CMC）的制备涉及三个基本组分：纤维素、一氯乙酸（MCA）和氢氧化钠。纤维素来源可以是硬木、软木或棉短绒。图 4-10 展示了 CMC 的制备工序。

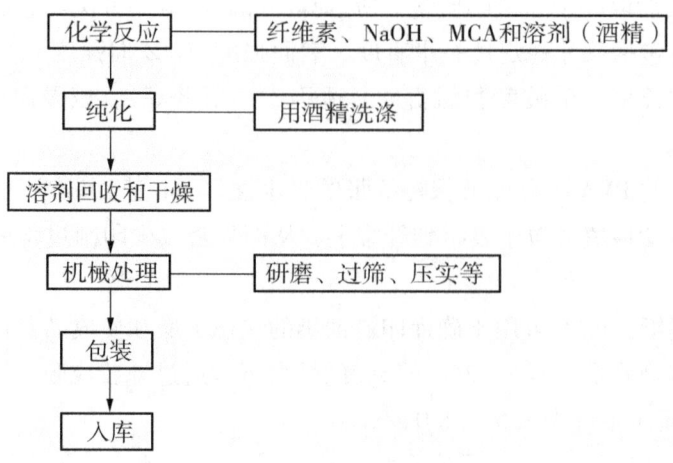

图4-10 CMC的制备工序

在CMC的制备过程中,纤维素首先与氢氧化钠发生反应,形成碱纤维素。这一步骤至关重要,因为它确保了纤维素能够均匀地转化为碱纤维素。无论MCA以游离酸的形式还是其钠盐(NaMCA)的形式加入反应器中,碱纤维素极易与一氯乙酸(MCA)发生反应。反应式如式4-1所示。

$$\text{纤维素} + 2\text{NaOH} + \text{ClCH}_2\text{COOH} \longrightarrow \text{纤维素} - \text{O} - \text{CH}_2\text{COONa} + \text{NaCl} + 2\text{H}_2\text{O} \tag{4-1}$$

在完成所有反应步骤后,所得产品中会含有25%~35%的副产品盐,主要包括氯化钠和甘醇酸酯。反应式如式4-2所示。随后,该产品需要经过干燥处理,以制得工业级的CMC。如果需要更高纯度的产品,可以通过中和、研磨和洗涤等进一步处理,得到纯净级CMC(其纯度需超过98%)。

$$2\text{NaOH} + \text{ClCH}_2\text{COOH} \longrightarrow \text{HOCH}_2\text{COONa} + \text{NaCl} + \text{H}_2\text{O} \tag{4-2}$$

### 4.6.3 CMC的功能

CMC是一种多功能的共黏剂,为涂料提供了多种重要性能。在涂料中,CMC能够控制流变性,确保涂布机的顺畅运行。其强大的亲水性使其成为有效的保水剂。同时,CMC也是光学增白剂的载体。此外,CMC还能够在涂布刮刀上起到润滑的作用。

不同黏度的CMC有着不同的应用。低黏度CMC通常用于涂布,而中黏度CMC由于具备良好的成膜性,适用于各种纸张的施胶。

## 4.6.4 CMC 的使用

在涂料配方中添加 CMC 的方法有两种：一种是预先在水溶液中溶解 CMC，再将水溶液加至涂料中；另一种是将干粉形式的 CMC 直接加入颜料浆液中。为了确保有效溶解，需要在溶液黏度增加之前先充分润湿所有 CMC 粒子。在混合过程中应使用高效的混合设备，如旋流混合器，可以实现湍流混合，从而促进 CMC 的均匀分散。通过高速搅拌和流向调节板的使用，可以使溶液形成向下的液流。

高固含量涂料的制备工艺中，通常不希望有过多的水分存在。在这种情况下，可以选择将 CMC 以干粉形式加入。建议先将 CMC 加入颜料浆液中，搅拌 3～5min，然后再加入胶乳。这样做是为了确保所有 CMC 粒子都能围绕颜料粒子分布而避免结块。在胶乳加入后，应继续搅拌 15～30 min，直到 CMC 完全溶解。由于 CMC 对机械搅拌非常稳定，多次搅拌并不会造成不良影响。

CMC 的预溶解可以在温水或冷水中完成，但温水可以加速溶解过程。CMC 可以直接倒入温水中或冷水中。如果使用冷水，溶液需要通过直接蒸汽加热将体系温度提升至 50～60℃。不建议将温度升至 70℃以上，因为高温会导致 CMC 发生解聚。持续混合搅拌，直到所有 CMC 粒子完全溶解，通常需要 15～30 min。

## 4.7　生物胶乳

### 4.7.1　生物胶乳简介

目前，市场上对环保可再生、稳定性强、涂料适应性好、涂布强度高的胶黏剂的需求日益增长。为了满足需求，开发高固含量、低黏度、高黏结强度的新型淀粉生物胶乳（bio-latex）显得尤为重要。而生物胶乳便是以淀粉为原料，并进行改性交联或接枝得到的一种环保型胶黏剂，具有稳定性好、成本低廉、原料来源广泛、低碳环保等优点，可用于替代合成胶黏剂。

这种新型淀粉生物胶乳有望成为环保型胶黏剂一个重要的发展方向，用以满足市场对高性能、可再生胶黏剂的需求。

### 4.7.2 生物胶乳的生产

生物胶乳的生产方法包括以下步骤：首先，将 100 份淀粉与 20～60 份甘油、0.5～2 份硬脂酸和 6～40 份水性树脂混合，制备出混合材料。然后，将混合材料送入挤出机中进行反应而挤出，从而得到生物胶乳。接下来，将生物胶乳进行研磨，并通过 100 目筛网进行筛选，以确保其均匀性和细度。最后，将筛选后的生物胶乳进行烘干，以便保存和后续使用。

### 4.7.3 产品案例

YXB－201 生物胶乳类胶黏剂：

1. 特点

（1）精选原料：直链淀粉与支链淀粉配比。
（2）羟基活化：破坏原结晶结构，重置无定形态。
（3）结构重排：减少空间阻力、空间重排。
（4）绿色改性物及过程。
（5）高取代度及接枝率。
（6）稳定的空间网络结构：响应面曲线分析；红外分析 FTIR；碳谱分析 13CNMR；X-射线衍射图分析。
（7）纳米化：粒径微细均一化。
（8）包裹技术：交联剂表面包覆。
（9）乳化工艺：提高体系稳定性。

2. 基本物理性能

（1）外观：具有黏度的液体。
（2）颜色：微黄至乳白色。
（3）固含量：(50±1)%。
（4）黏度(25℃)：500～1500 MPa·s。
（5）pH 值(原液)：5.0～8.0。
（6）水中溶解性：任意比混溶。
（7）替代丁苯胶乳的比例：底涂 20%～50%；面涂 10%～30%。
（8）使用方法：根据各工厂实际调节添加工艺。

3. 纸厂反馈

用该产品替代的 40% 丁苯胶乳后的效果见表 4-7，由此可见 YXB-201 生物胶乳于实际应用中较之：①涂料保水性能较好；②高剪切黏度相当；③纸张干湿强度相当；④印刷性能相当。

表4-7　YXB-201生物胶乳的性能指标

| 编号 | 指标 | 标样 | 替代40%丁苯胶乳 |
|---|---|---|---|
| 1 | 固含量/% | 68 | 68 |
| 2 | 黏度(25 ℃)/mPa·s | 1250 | 1180 |
| 3 | 保水率/% | 60.4 | 58.2 |
| 4 | 基重/g | 91.5 | 91.2 |
| 5 | 光泽度/% | 69 | 68.7 |
| 6 | 印后光泽度/% | 92.3 | 93 |
| 7 | RI 干强度/(N·m$^{-1}$) | 8 | 8 |
| 8 | RI 湿强度/(N·m$^{-1}$) | 4 | 3 |
| 9 | BEKK 平滑度/s | 860 | 870 |
| 10 | PPS/μm | 1.38 | 1.36 |
| 11 | LENETA % | 20.3 | 22.6 |

## 思考题

1. 纸张涂料中为何使用胶黏剂？
2. 淀粉的转化都有哪些方式，以及这些方式如何实现？
3. 淀粉作为胶黏剂的优势和劣势是什么？
4. 怎样优化纸张涂料用胶乳的特性？
5. 讨论胶乳使用的不同单体。
6. 聚乙烯醇、羧甲基纤维素及蛋白质在纸张涂料应用中的主要特性如何？

# 5 涂料添加剂

> **学习要点**
> - 涂料添加剂的种类
> - 常用的涂料添加剂

> **学习目标**
> - 了解分散剂、抗水剂、润滑剂、光学增白剂、泡沫控制剂、防腐剂等添加剂
> - 掌握分散剂、抗水剂、泡沫控制剂、防腐剂的特点
> - 掌握分散剂、抗水剂、泡沫控制剂、防腐剂等添加剂的运用方法

涂料添加剂是涂料配方中不可或缺的一类组分,它们具有不同的化学性质,并在涂料或涂层中发挥多样化的作用。常见的涂料添加剂包括分散剂、pH 控制剂、泡沫控制剂、保水与流变改进剂、着色剂、润滑剂、抗溶剂和防腐剂等。

在本章中,我们将重点讨论以下几种主要的涂料添加剂:分散剂、抗水剂、润滑剂、光学增白剂、泡沫控制剂和防腐剂。

## 5.1 分散剂

### 5.1.1 分散体

图 5-1 显示了一个理想分散状态下的分散体,颜料基本粒子在分散体介质中均匀分布。干态颜料粒子会形成集群,这些集群中,有的相互之间接触较多,结合较为紧密,我们称之为"集块",如图 5-2a 所示。而集块由基本粒子构成,它们还可以形成结合不太紧密的集群,也就是所谓的"聚集团"或"絮凝块",如图 5-2b 所示。

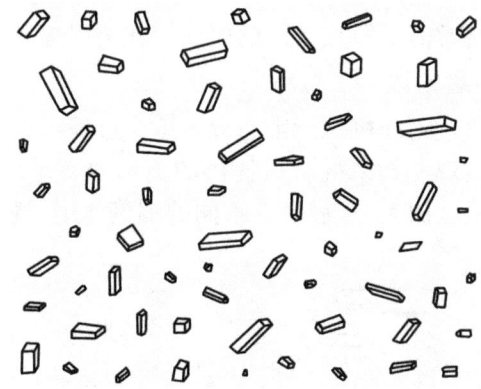

图5-1　一个理想分散状态的分散体

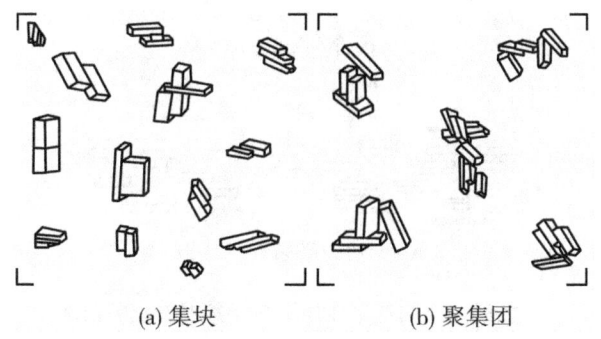

(a) 集块　　　　　　(b) 聚集团

图5-2　粒子集群形态

然而，分散的目的是使分散体中既不存在紧密结合的"集块"，也不存在较松散的"聚集团"，仅存在均匀分布的基本粒子。这些基本粒子应当在水中均匀分布，并且系统需要在一定时间内保持稳定状态。

集块和聚集团是两种不同类型的粒子集群，它们之间的主要区别在于结合强度的差异。集块中的粒子稳定地黏结在一起，其行为类似于单一结晶。集块的破裂，即解聚过程，通常是不可逆的，一旦解聚，粒子就无法再结合得像原来那样紧密。解聚后的粒子不会形成新的集块，而是倾向于组成聚集团。聚集团破裂的过程称为"去絮凝"，而去絮凝是一个可逆的过程。如果除去了去絮凝的作用力，聚集团可能会重新形成。

分散过程可以分为三个阶段：润湿、粒子集群的破裂和稳定化。

1. 润湿阶段

在润湿阶段，颜料粒子的所有外表面必须与水接触。对于造纸颜料来说，润湿通常不是问题，但滑石是唯一一种难以自主被水浸润的重要造纸颜料。因此，在分散滑石颜料时，通常需要添加专门的表面活化剂以提高其润湿性。

### 2. 粒子集群的破裂阶段

粒子集群的破裂通过施加机械能来完成。这个过程可以通过磨碎机、揉搓混合机或高速混合机来实现。如果混合机提供的剪切力不足以有效解聚粒子集群，那么就需要使用磨碎机。图 5-3 展示了不同的解聚作用下粒子集群的破裂情况。

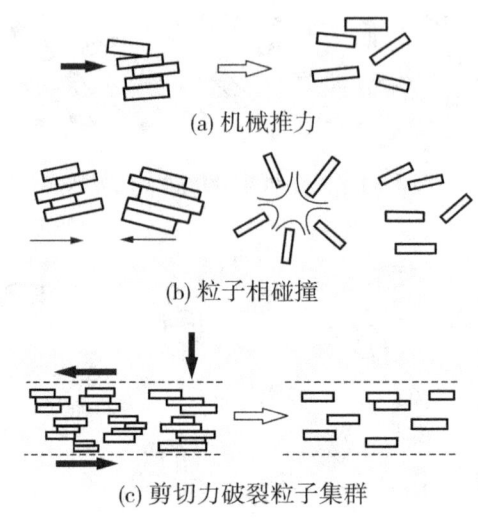

5-3 不同解聚作用下粒子集群的破裂情况

### 3. 稳定化阶段

为了获得稳定的分散状态，必须使用分散剂。在分散过程中，如果颜料集群被破碎，颜料的表面积将增加，粒子间的相互作用亦将增强，导致分散体的黏度迅速增加。分散剂的作用是稳定去絮凝的粒子，并阻止它们之间的相互作用，从而避免粒子重新聚集成团。

分散剂的添加时机至关重要。颜料集群开始破裂时，分散剂应立即与水混合，这样可以有效地防止粒子相互作用并再次发生聚集。因此，分散剂应当在分散过程开始前甚至是在颜料加入之前便加入水中。

为了保持粒子间的充分距离，避免再聚团作用，需要理解稳定化的基本原理。稳定化机理的原理包括静电稳定作用和位阻稳定作用。静电稳定作用如图 5-4a 所示，位阻稳定作用如图 5-4b 所示。当这两种作用同时发生时，称为"电位阻稳定作用"。常用的静电稳定剂包括羧甲基纤维素（CMC），而位阻稳定剂则包括淀粉和聚乙烯醇。

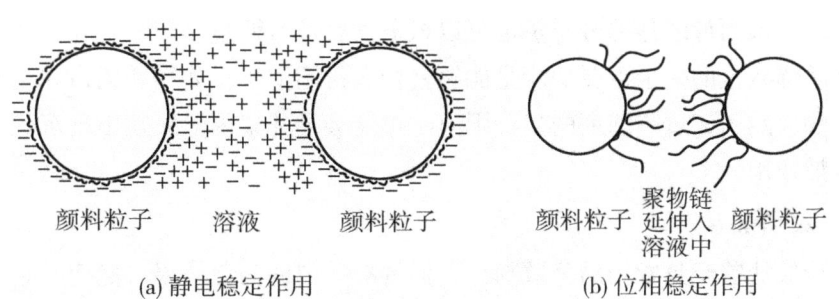

图 5-4　稳定化机理示意图

## 5.1.2 分散剂与表面活性剂的作用区别

分散剂在粒子表面的作用与表面活性剂不同。表面活性剂分子通常包含明显的亲水和亲脂部分，而分散剂分子在整个结构中都含有相同类型的基团。表面活性剂能够显著降低水的表面张力，而分散剂对表面张力的影响相对较小。此外，表面活性剂通常是低分子量化合物，只在分子的一端含有离子基团，而分散剂则是高分子量的聚合物，其整个链上含有多个离子基团。

尽管某些表面活性剂可以作为有效的分散剂，但它们的作用效果通常不如专用分散剂在抵抗絮凝作用方面的效果。分散剂通常是带有阴离子的聚合物，其分子量范围从几百到数万不等，但其分子量也不宜过大，因为过大的分子量会导致聚合物本身发生絮凝。

## 5.1.3 常用分散剂类型

分散剂是用于防止粒子聚集和促进均匀分散的重要化学品。以下是两种常用分散剂类型的详细说明。

1. 聚丙烯酸盐

聚丙烯酸盐是一类广泛使用的颜料分散剂。它们主要通过将丙烯酸与氢氧化钠或氢氧化铵反应，生成低分子量的聚合物。这些分散剂特别适用于抵抗各种侵袭性条件，如高 pH 值、高温或高剪切力。

聚丙烯酸盐分散剂的性质可以通过与丙烯酸与其他乙烯单体的共聚反应来调整。通过精心选择共聚单体的种类，可以针对特定的应用需求定制分散剂的性能。此外,聚丙烯酸盐的分子量也可以根据需要进行调整。

聚丙烯酸盐的一个重要功能是能够螯合多价阳离子,如钙和铝,并与它们形成络合物。然而,过高浓度的多价阳离子可能会导致聚丙烯酸盐出现沉淀,从而失去分散作用。

2. 聚磷酸盐

聚磷酸盐曾经是常用的分散剂,它们具有一定的分散效果。然而,它们在分散体储存时对水解的稳定性不足,容易水解成无去絮凝能力的正磷酸盐,这会导致分散体黏度的增加。聚磷酸盐的链越长,通常其作为分散剂的效果越好。

四钠焦磷酸盐($Na_4P_2O_7$)是聚磷酸盐中应用最简单的一种,而三聚磷酸钠($Na_5P_3O_{10}$)不仅可作分散剂用,其还是洗涤剂的主要成分之一。比三聚磷酸钠更长链的聚磷酸盐通常是一系列不同聚磷酸盐的混合物,这些混合物被称为"玻璃状磷酸盐"。六偏磷酸钠这一类聚磷酸盐的例子。与聚丙烯酸盐类似,聚磷酸盐也能有效地螯合多价阳离子。

## 5.2 抗水剂

### 5.2.1 概述

抗水剂,也称为耐水剂或交联剂,是涂料的重要组成部分,其作用是降低颜料和胶黏剂干燥成膜后的水溶性,从而提高涂层的防水性能。而在胶版印刷、壁纸以及纸板包装箱的应用中,纸张表面涂层的防水性能尤为关键。

在双层涂布纸板的生产中,抗水剂被用于预涂,这有助于提高面层的防水效果,增加涂布纸的抗湿摩擦和拉毛强度,有效改善印刷适印性,并减少掉毛、掉粉等问题的发生。

纸与纸板涂层对水的敏感性主要源于水溶性胶黏剂在与水接触时会失去黏结力并溶解。胶黏剂对水的敏感性可以通过描述其分子中氧原子的数量(特别是在羟基和羧基中)来衡量。为了降低胶黏剂对水的敏感性,可以通过将其与抗水剂交联或者在胶黏剂周围构建不溶性网络的方法来实现。

## 5.2.2 抗水剂的种类

抗水剂因化学成分的差异而有多个种类,其在纸和纸板涂布中的应用也各不相同。传统型抗水剂主要包括甲醛及其衍生物,如三聚氰胺甲醛树脂、尿醛树脂,以及乙二醛。而第二代抗水剂则以锆基化合物为主,其中碳酸锆氨(AZC)、碳酸锆钾(KZC)、聚酰胺聚脲树脂(PAPU)和聚胺聚环氧型树脂(PAPE)是广泛使用的产品。

## 5.2.3 抗水剂的应用

抗水剂的加入量取决于涂料中胶黏剂的类型和用量。通常的抗水剂建议加入量为干胶黏剂总量的5%~10%。需要注意的是,淀粉类胶黏剂的涂料可能需要比合成胶黏剂的涂料更高的抗水剂用量。合理优化抗水剂的用量非常关键,因为过多地使用可能将导致涂料开裂,或者反而增加水溶性涂料组分的溶解度。此外,抗水剂应在涂料制备过程中的最后阶段加入,以确保实现最佳作用效果。

## 5.2.4 产品案例

1. STABIRON Zr

STABIRON Zr为碳酸锆铵盐类型产品,是一种使用广泛的涂布交联剂,可用于改善涂布纸和纸板的抗水性能。

(1)性质:

①成分:碳酸锆铵。

②外观:无色或浅色透明液体。

③固含量:(30±2)%。

④pH值:9~11。

⑤黏度(25℃):小于25mPa·s。

⑥密度(gm/cm$^3$):1.30~1.40。

⑦保质期:4至6个月。

(2)优点:

①熟化速度快，下机即熟化。
②无甲醛，符合相关国家及国际标准。
③涂料黏度变化小。
④不影响涂布纸的光学性能。
⑤可以提高涂布纸的油墨吸收性能。
⑥符合 FDA 21 CFR 176.170 & 176.180 标准。

（3）应用：
①可以和淀粉或蛋白质分子中的羟基及羧基反应，能迅速实现抗水效果。
②能够与苯乙烯/丁二烯、丙烯酸和 PVA 中所含的官能团反应。
③是碱性溶液，与涂料系统中的碱性条件相容。
④黏度低，可直接泵送使用，储存和计量方便，通常在颜料和胶黏剂之后加入。
⑤添加量为颜料的 0.3%～0.8%（商品/干重）。对淀粉胶黏剂系统，的添加量为 0.4%～1.0%（商品/干重）。

（4）储存与包装：
①在 5℃～35℃ 温度下储存，防止结冰。
②用 250/1250kg 桶装或其他规格包装运输。

2. Cartabond MZI liquid

Cartabond MZI liquid 是基于高活性氧化锆的一种高效率低氨基锆盐氧化物交联剂。它可与天然或者合成的胶黏剂反应，特别是那些含有羧基基团的氧化淀粉、CMC、大豆蛋白、丙烯酸树脂、SBR 胶乳。

（1）性质：
①成分：氨基碳酸锆。
②外观：无色或浅色液体。
③密度(20℃)：1.33。
④pH 值：8.5。
⑤黏度(25℃)：小于 50 mPa·s。
⑥兼容性：酸不稳定性。
⑦溶解性：水中全溶。

（2）应用：
①是胶黏剂的交联剂，和胶黏剂里面的羧基和羟基反应。
②可强化胶黏剂的黏结强度，提高涂层的表面强度和抗水性能。

③添加浓度在 3%～15%（质量分数，下同）之间，加入量 0.3% 和 1.5%。使用的 pH 在 8.7～11 之间。

④是快速反应的交联剂，交联反应发生在干燥阶段。

⑤配制涂料或上涂温度不超过 70℃。

（3）储存：

密封包装于室温下可以稳定储存 6 个月。

（4）安全健康事项：

Cartabond MZI liquid 应符合下列美国食品药物管理局（FDA）食品添加剂法规：

①FDA 21 CFR 176.170(a)(5) 纸张和纸板中成分接触水和脂肪的食物的限制：只作为耐水的涂料黏结剂用于纸和纸板，而且不超过涂料固体质量的 2.5%。

②FDA 21 CFR 176.180 可作为接触干食物的纸和纸板的添加剂。

3. SURRESIN SR-586

SURRESIN SR-586 为聚胺聚环氧型树脂（polyamine polyepoxy resin）抗水剂。

（1）一般性状：

①外观：淡黄色至红棕色液状。

②组成：聚胺聚环氧型树脂。

③离子性：阳离子性。

④固含量：(50.0±1.0)%。

⑤pH 值：7.5±1.0(25℃，1% 水溶液)。

⑥黏度（25℃）：小于 500 mPa·s。

⑦水溶性：易溶于水。

⑧储存性(25℃)：6 个月。

⑨冷冻点：3℃。

（2）特性：

①可实现优良的印刷适性改良效果，尤其对胶版印刷、卷筒印刷更有效。

②可实现优良的印刷光泽增进效果，对涂布淀粉、大豆蛋白及 SB 胶乳各种配方，皆有很好的光泽度增进功效。

③可实现优良的印刷适性，可提高涂层之多孔性，改善其着墨性及促进油墨干燥。

④有增高黏度之倾向，可以降低 CMC 的使用量，来达成涂布黏度的规格。

⑤SR-586 本身不含甲醛，无甲醛释放之疑虑，符合 FDA 规范（175.300，176.170，176.180）。

（3）使用方法：

以原液添加或以适当比例之清水稀释后添加。在淀粉或大豆蛋白之后，并在 SB 胶乳之前加入最佳。

（4）包装：

200 kg 桶或 1000 kg 桶装。

## 5.3 润滑剂

### 5.3.1 概述

在纸与纸板涂料中加入润滑剂的目的是多方面的。润滑剂能够减少机器与涂料之间的摩擦以及原纸与涂布装置之间的摩擦，从而提升涂料的运行性能，具体表现为涂层划痕的减少和涂布机刮刀寿命的延长。

在超级压光机中，润滑剂的存在有助于增强干涂层的塑性变形，防止可溶性胶黏剂膜的破裂，这也提升了涂层的光泽度。在压光过程中，润滑剂会从热压光辊上的涂层迁移出来，形成一个保护性的薄层，防止涂料黏附到辊上而造成堆积。

此外，在低定量涂布纸（LWC）上印刷时，掉粉是一个常见问题，尤其是在使用不同类型的高岭土时。不同的高岭土具有不同的掉粉倾向，但通常可以通过添加润滑剂来有效解决这一问题。

### 5.3.2 润滑剂的种类

#### 1. 硬脂酸钙

润滑剂在纸与纸板涂料中的应用十分广泛，其中最常用的是硬脂酸钙。硬脂酸钙是通过如式 5-1 所示的硬脂酸与氢氧化钙反应制备而成，成品再经过乳化处理，最终加工成 50% 的水分散体。对于硬脂酸钙分散体而言，其关键性质包

括机械杂质和游离 $Ca^{2+}$ 的含量,高质量的硬脂酸钙分散体中这两者的含量非常低。

$$2R-COOH + Ca(OH)_2 \longrightarrow RCOO-Ca-COOR + 2H_2O \quad (5-1)$$

硬脂酸钙的颗粒大小和形状对于防止印刷时掉粉具有重要作用。理想的颗粒尺寸应在 5~10μm 之间,且形状应为片状。这种片状结构有助于硬脂酸盐聚集在颜料颗粒上,从而增强干涂层表面的塑性,并减少在压光机和印刷机上的掉粉。

2. 蜡乳液

蜡乳液是基于石蜡、微晶蜡或聚乙烯蜡的乳液,它们在纸和纸板涂层中作为润滑剂的应用历史悠久。这些乳液以其良好的运行性能而著称,但相较于硬脂酸钙,其在防止粉尘方面的效果可能略逊一筹。蜡乳液的粒子尺寸较小,其干固形物的含量通常在 20% 至 30% 之间。

3. 其他

除了蜡乳液,还有其他类型的润滑剂已被广泛研究和使用。大豆卵磷脂与油酸的共混物便是其中一种新型润滑剂。聚乙烯和聚丙二醇既可以作单独的润滑剂使用,也可以与硬脂酸钙混合作混合型润滑剂用,以影响涂料的流变性和流动性。

## 5.4 光学增白剂

光学增白剂,亦称为光学漂白剂或荧光增白剂,在造纸行业中通常被称为光学增白剂(OBA)。随着纸和纸板对白度的要求不断提升,传统的纸浆、填料和涂布颜料已无法满足相关需求,因此,光学增白剂作为涂料添加剂的使用变得尤为重要。

### 5.4.1 光学增白剂的化学结构与荧光性

荧光物质的工作原理是吸收光能,将电子激发至较高能级,随后以较长波长释放这种能量,从而产生荧光。这种荧光通常出现在具有大 π 电子共轭系统的化合物中。能产生荧光作用的物质分子即具有荧光性。市场上常见的 OBA 主要是双(三嗪基氨基)二苯乙烯的衍生物，如荧光增白剂 VBL，如图 5-5 所示。在造纸工业中应用的 OBA 通常是钠盐形式的，因此其亦常具有水溶性。

图 5-5　荧光增白剂 VBL

OBA 能够吸收波长在 300～360 nm 之间的紫外线辐射，并在可见光区域(主要在蓝色波长范围内)重新发射能量(见图 5-6)。这一过程增加了光辐射的量，使得纸张获得更高的白度。由于反射光主要是蓝色，这种蓝光的反射使得纸张的黄色色调得到补偿，从而让纸张显得更加洁白。

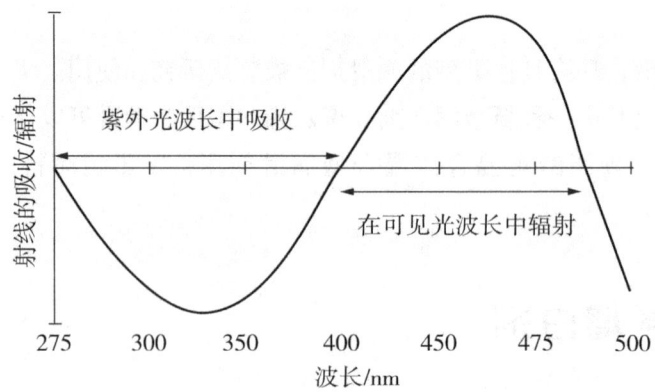

图 5-6　OBA 在纸张涂布中的作用机理

## 5.4.2　光学增白剂的种类

造纸工业中使用的光学增白剂(OBA)主要分为三种，它们的区别在于成分中增溶磺酸基的数量。

1. 二磺酸 OBA

二磺酸 OBA 含有两个磺酸基，另外两个取代基可能是亲水基。这种 OBA 具有出色的亲和力，但其溶解性有限，因此主要适用于湿部。

### 2. 四磺酸 OBA

四磺酸 OBA 是最常用的 OBA 类型。它因具有适中的亲和力和良好的溶解性而成为多用途产品，适用于造纸工业的多个场合，包括湿部、施胶压榨和涂布。

### 3. 六磺酸 OBA

六磺酸 OBA 主要用于制造有高白度涂布需求的专用产品。由于其极高的溶解性，其加入量可以达到颜料用量的 15%。

在涂布过程中，四磺酸类和六磺酸类 OBA 的表现性能有所不同。四磺酸 OBA 在低浓度下可以增加白度，但当浓度达到一定比例后，白度不再增加，这个浓度点称为饱和点或变灰点。而六磺酸 OBA 由于其高溶解性，没有变灰点，因此可以在较高浓度下使用以提高涂料白度。

## 5.5 泡沫控制剂

在工业生产过程中，由于机械力的作用以及添加化学品的物理化学作用，泡沫的产生是难以避免的，这在纸或纸板表面的施胶和涂布过程中尤为明显。表面施胶的配方通常以胶黏剂、润湿剂或疏水剂以及树脂或聚合物为基础，其典型的干固形物含量在 2%～4% 之间。而纸和纸板涂料的配方则包括颜料、胶黏剂、分散剂或乳化剂（表面活性剂）、消泡剂、润滑剂和增稠剂，总固形物含量大约为 67%～68%。

在这些配方中，具有亲水和疏水性质的组分往往会相互聚集，这种倾向有助于泡沫的形成和稳定。此外，较高的涂布速度和特定的涂布机结构也会增强泡沫的形成倾向。因此，在生产和应用过程中，需要采取相应的措施来控制泡沫，以保证产品的质量。

### 5.5.1 泡沫的形成原理

物理化学上，泡沫被定义为空气或气体在液体或流体介质中的分散体系。泡沫的形成伴随着空气或气体与液体之间表面积的显著增加。泡沫通常是不稳定的，但随着时间推移会逐渐衰减。在某些特定条件下，泡沫也可能保持相对稳定，甚至持续较长时间。

稳定泡沫的形成离不开表面活性成分或表面活性剂，这些物质能降低液体的表面张力，使得系统比没有表面活性剂的更稳定。除了表面活性，泡沫的稳定性还受到其他因素的影响，如泡沫结构、薄膜厚度、泡沫排水、表面流变性和弹性等。这些因素受时间、pH 值、表面活性剂、聚合物、蛋白质或盐类，以及液体本身的化学组成和物理性质的影响。

机械作用也是泡沫生成的重要因素。在低机械能条件下，气体从一个喷嘴释放，以较低的气泡频率进入液体，产生的泡沫量较少；而在高剪切速率下，如液体通过小喷嘴并撞击表面时，可以积聚大量泡沫。因此，即使液体组分相同，不同的机械作用力作用下所产生的泡沫体积也会有所不同。

### 5.5.2 泡沫的控制

泡沫控制的核心在于破坏泡沫气泡，从而降低系统的能量，实现从动力学平衡到热力学平衡的转变。

在表面施胶和纸张涂布过程中，泡沫的控制通常涉及使用泡沫控制剂或通过调整生产工艺来对系统进行消泡或脱气，以确保泡沫体积保持在所需的水平。

对于每个特定的起泡沫液体系统，通常需要特定的消泡剂配方。如果液体介质中已经包含表面活性剂，可以考虑用低起泡表面活性剂替换高起泡表面活性剂。对于特定的发泡液体系统，通常需要特定的消泡剂配方。在表面活性剂已经是液体介质一部分的情况下，高发泡表面活性剂可以用低发泡物质替代，例如，甲基或丁基封端的烷基或脂肪醇乙氧基化物或丙氧基化物，或聚氧化乙烯或聚氧化丙烯或两者作为嵌段共聚物的水溶性消泡剂。相比之下，难溶的疏水性添加剂也被广泛用作有效的消泡剂，包括碳氢化合物/脂肪酸/酯或蜡混合物、（聚）硅氧烷、碳氟化合物，以及在碳氢化合物或（聚）硅氧烷中的固体粒子分散体（如疏水性二氧化硅、有机微蜡等）。

在液体介质中，消泡剂的化学成分和分散添加剂的粒径分布决定了其消泡效率。在这些消泡剂中，液体组分作固体、结晶状粒子的分散助剂用。加入泡沫后，疏水性液体组分分布在泡沫壳面的一侧，对周围水相形成非零接触角。随着泡沫壳体的进一步脱水，疏水液滴最终连接泡沫壳体，并由于高接触角和持续的脱水作用，壳体逐渐破裂。分散的固体粒子强化了这一过程，显著提高了消泡剂系统的效率。

### 5.5.3 泡沫控制剂的用法

泡沫控制剂的主要应用阶段是在涂料的制备过程中。在采用颜料分散体与胶黏溶液单独加工的间歇法时，通常在胶黏剂制备阶段加入抗泡沫剂。此时，抗泡沫剂的用量一般为胶黏剂固体含量的 0.1%～4%。而在颜料和胶黏剂同时加工的系统中，抗泡沫剂应在颜料和胶黏剂混合前加入，一般用量为干涂料固体含量的 0.05%～0.2%。

有时会在预稀释阶段后加入消泡剂，并且需要将其充分混合到系统中，以确保整个体积的均匀分布。

### 5.5.4 泡沫控制剂的负面影响

造成涂层最终可能出现的缺陷如鱼眼和鸟眼的原因，通常有多种。其中一种可能是这些缺陷或与抗泡沫剂的类型或使用量有关，其中过量的泡沫控制剂可能会阻碍涂料在纸面的全面分散或湿润。

## 5.6 防腐剂

### 5.6.1 概述

防腐剂，也称为防霉杀菌剂，是涂料中不可或缺的成分。涂料中含有蛋白质、淀粉、稳定剂等添加剂，这些添加剂中含有微生物所需的氮、碳等营养物质。在夏季或温度较高的地区，微生物繁殖速度加快，或者涂料液存放时间过长，都可能导致涂料腐败变质。一旦涂料变质，则会有酸性物质生成，导致 pH 值下降，涂料凝聚，黏度发生变化，甚至出现变色和发臭的现象。使用变质的涂料进行涂布，不仅会恶化涂料的性能，还会降低涂层的表面强度，并可能导致涂层出现霉点、黑斑等问题。

适合用于涂布的防腐剂应具备低毒性、无难闻异味、不影响涂料亮度且具有良好防腐效果等特点。常用的防腐剂包括氯胺、苯酚、异噻唑啉酮等。在国内，广泛使用的防腐剂是多菌灵(BCM,即苯并咪唑氨基甲酸甲酯),而在国外,则更多采用噻菌灵(TBZ)。

## 5.6.2 常见防腐剂

1. 异噻唑啉酮

异噻唑啉酮(2-甲基-4-异噻唑啉-3-酮和5-氯-2-甲基-4-异噻唑啉-3-酮组成),又称卡松或凯松,其结构式如图5-7所示。这是一种淡黄色的透明液体,易溶于水、低分子醇、乙二醇等,是一种高效且低毒的防腐剂。异噻唑啉酮类杀菌剂通过破坏细菌的RNA和DNA来达到杀菌的效果,是目前效果较为优越的一种杀菌剂。

图5-7 异噻唑啉酮结构式

2. 多菌灵

多菌灵(图5-8)是一种白色结晶粉末,纯品为淡黄至棕色粉体;熔点为179℃,分解温度为360℃;不溶于水及一般有机溶剂,但可溶于无机酸及醋等。多菌灵化学性质稳定,对酸碱的作用也很稳定。它是一种高效、低毒的杀菌剂,使用相对安全。在使用时,需要将多菌灵研磨成非常细的粉末,并在加入水的同时加入分散剂,搅拌并确保充分分散后使用。

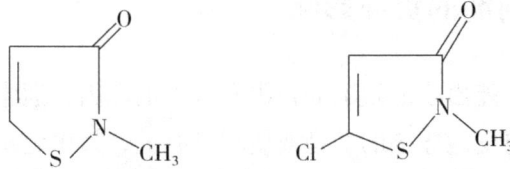

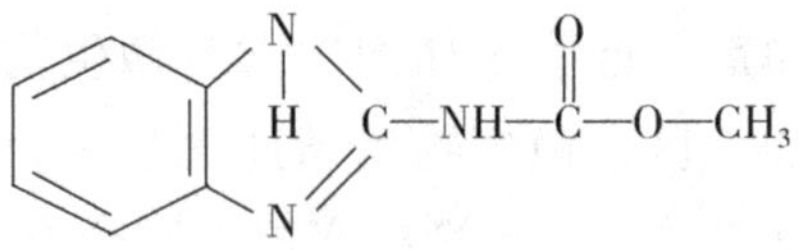

图5-8 多菌灵分子式

3. 噻菌灵

噻菌灵(图5-9),也称为特克多、涕必灵、硫苯唑、噻苯咪唑、噻苯哒唑,具有较长的持效期,并且与苯并咪唑类杀菌剂有交互抗性。其作用机制是抑制真菌有丝分裂过程中微管蛋白的形成，是一种高效、广谱、国际上通用的杀菌剂。

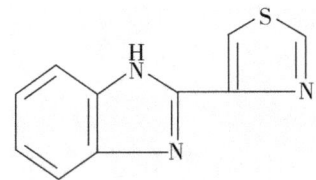

图 5-9　噻菌灵分子式

# 思考题

1. 试讨论荧光增白的机理。
2. 为什么使用防腐剂？
3. 分散过程的三个阶段是什么？
4. 泡沫形成的因素有哪些？

# 6 涂料的制备

**学习要点**

- 涂料的制备工艺
- 颜料的分散
- 胶黏剂的加工
- 添加剂的添加
- 涂布机涂料供应系统

**学习目标**

- 了解涂料制备工艺
- 掌握颜料的分散方法
- 掌握涂料配方的制作原理
- 了解涂布机涂料供应系统

为了实现良好的发展前景和提高产品利润率,纸和纸板厂往往使用涂料生产涂布纸或纸板。这一做法满足了人们对杂志、书籍和包装材料上高质量图片的需求。这些图片通常需要通过多色印刷来完成,这就促使了适用于不同印刷和加工过程的涂布方法和涂料配方的开发。

涂布工艺的复杂性和化学品的多样性为涂料制备带来了挑战。为了应对这些挑战,涂料制备系统必须采用现代的方法、运用最新的工艺和设备。这样可以确保涂料的质量和性能,满足纸和纸板行业的特定需求。

## 6.1 涂料制备工艺

涂料制备工艺一般在涂料制备站内完成。涂料制备站是涂料生产的关键设施,它包括混合、泵送、贮存、运输、计量和筛选等工艺系统,并通常配备有 PC 或 DCS 自动控制系统。简要概述其组成,可知制备站主要由贮存槽、管线、泵、阀门和计量设备等组成。

图 6-1 为涂料制备站的剖面视图简图，它展示了从化学品卸载到涂料泵送至涂布头的整个工艺流程，并用数字标识了关键组成部分。

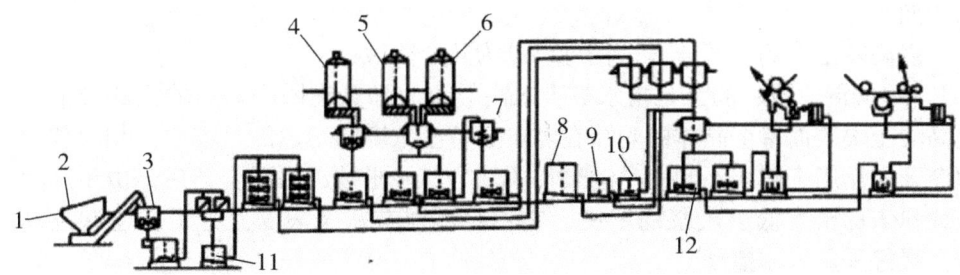

1—粉状颜料的卸料点；2—漏斗；3—分散槽；4/5/6—料仓；
7—混合器；8/9/10—贮槽；11—大型颜料贮槽；12—混合器
图 6-1 涂料制备站剖面图

1 是粉状颜料的卸料点，货车或铁路槽车将料卸入漏斗 2 中。粉状颜料随后通过漏斗输送到分散槽 3。水、颜料分散剂和 pH 控制剂的混合物在大型分散槽中进行分散处理，经分散后的颜料被卸入贮槽，并经过筛选机和泵前槽，泵入大型颜料贮槽 11。粉状蛋白胶黏剂通过风送管吹入料仓 4，然后通过螺旋输送机计量进入混合蒸煮器。蒸煮完成后，溶液被卸入贮槽中。料仓 5 和 6 用于贮存淀粉和 CMC，这些物质在混合蒸煮器中进行蒸煮，然后存储在各自的槽中。在混合器 7 中，淀粉溶液可以进行专门的化学处理，以实现改性。各种添加剂在贮槽 8、9 和 10 中被计量后，通过泵被送入涂料混合器。涂料的主要成分通过称量槽被投配到混合器中。混合好的涂料储存在容器 12 中，并通过泵送系统被泵送到涂布站。

在涂布站的机械循环系统中，涂料被泵入涂布头的料池或小室中。涂料中仅有总量的 5%～10% 会被施涂到纸幅上，多余的涂料则会回流到贮槽中。施涂与回流的比例为 1∶10～1∶20，这意味着所有过程中的组成部分都需要根据这一比例进行设计和尺寸确定。

最终，在涂布头内，涂料在快速运转的纸或纸板表面上形成一层薄而均匀、均质的湿膜。

## 6.2 颜料的分散

涂料质量和性能的优劣在很大程度上取决于颜料的分散质量。为了获得最佳的涂层质量，颜料必须得到仔细的分散。不良的分散工艺会导致涂布过程中出现刮刀擦痕、筛渣过多、流变性波动以及涂布机运行性能紊乱等问题。颜料在干燥过程中可能会形成聚集团，分散过程的目标是使颜料的粒度分布恢复到与干燥前的相同。

以高岭土为例，其分散过程可以分为几个阶段：

（1）润湿阶段：润湿是指水被吸入高岭土块和聚集团中。高岭土的分散原湿是高岭土块表面单个晶体的剥蚀在随着高岭土浓度的增加的过程中，相应剪切力逐渐开始作用于破坏不同大小的聚集团。当高岭土被送入混合器后，由于高岭土块或粉末的密度低于灰浆的密度，它们会漂浮在灰浆表面。为了快速润湿高岭土，最好采用涡流搅动。

（2）去凝聚阶段：所有高岭土都被送入分散设备后，需要一段时间来实现全部的分散。在这个过程中，原灰浆的黏度会降低。

（3）形状的改变和黏度的降低阶段：由于高岭土粒子形状发生改变，液体工作相的黏度也随之降低。这些粒子通常形状不规则，并有小的突起。去除这些突起后会有更规则的晶体形状产生，并为反应体系提供一定比例的超细粒子，这些粒子可以作为较粗粒子的润滑剂，降低灰浆的总黏度。

颜料灰浆通常稳定性较差，一旦停止强力搅拌，颜料就会在分散设备中沉淀，沉淀速度取决于颜料的粒径和密度。为了提高稳定性，可以利用表面化学和胶体化学原理，进行静电稳定和位阻稳定。

在分散过程中，可使用两种化学品来确保不同灰浆的稳定性：分散剂和pH值控制剂。这些化学品有助于控制颜料的分散性和保持体系的稳定性，从而确保涂料的质量和性能。

## 6.3　胶黏剂的加工

胶黏剂的种类有许多，纸张涂布用胶黏剂主要分为两大类：天然胶黏剂和合成胶黏剂。早期，涂布纸张所用的胶黏剂主要是淀粉和蛋白质等天然物质。然而，随着胶乳制造工艺的进步和产品质量的不断提升，常用胶黏剂逐渐从天然胶黏剂过渡到了合成胶黏剂。选择哪一种类型的胶黏剂，取决于涂布纸和纸板的具体质量要求。在现代化的涂料车间中，为了满足不同的生产需求，必须具备处理多种不同类型胶黏剂的能力。

### 6.3.1　胶乳

胶乳是由制造商供应的预聚合合成化学品，以含有40%～50%干固形物质的水分散体形式供货。这些分散体是表面胶体化学的复杂产物，并且含有适量的表面活性剂，以维持其在涂料制备过程中的稳定性。因此，在涂料制备过程中，保持整个处理环境的清洁，避免任何有害化学物质的干扰或破坏至关重要。在造纸行业中，丁苯胶乳和羧基丁苯胶乳是应用最为广泛的两种胶乳。作为纸或纸板涂料的胶黏剂，胶乳不仅能提高涂层的强度，还能增加纸面的光泽度、印刷适印性，同时赋予纸或纸板耐磨、耐挠曲、抗水、抗油等性能。

#### 6.3.1.1 胶乳的加工

胶乳是由乳化液聚合而制成。乳化液聚合作用是非均质聚合过程，在此过程中，可在连续含水相、在继续增长的粒子表面以及在继续增长的粒子内部等三个不同的部位发生自由基加成的聚合反应（激发、增殖、终止和转移）。根据单体加成方式，可实施间断的、半间断的或连续的乳化液聚合过程。

一个间断的乳化液聚合过程可分为三个不同的区段：区段Ⅰ（粒子形成晶核）、区段Ⅱ（稳定的单体聚集阶段－稳定的聚合速率）和区段Ⅲ（单体聚集逐渐减少－胶凝效应）。

在半间断法乳化液聚合反应中，将单体以一定的时间间隔加入，聚合反应就完成了。在连续法乳液聚合反应中，所有组分连续地加入到反应器系统，部分或高度转化了的胶乳，被连续不断地排出。

绝大多数造纸涂料用胶乳采用半间断法乳液聚合反应制成。制造胶乳的典型反应器系统是由一个带外套衬玻璃的反应器，装激发剂、表面活性剂、添加剂等的贮槽和装单体的贮槽组成。来自反应器的胶乳首先输送到汽提塔以除去未反应的残余单体，接着去配制或调节槽，然后去贮存槽准备外运。

#### 6.3.1.2 丁苯胶乳

丁苯胶乳的生产始于20世纪40年代，在国外当时便已开始作为涂料胶粘剂用于加工纸的生产。在中国，丁苯胶乳的生产始于1960年，由兰州化学工业公司合成橡胶厂首次建成投产。

丁苯胶乳是在乳液或溶液中，通过使用催化剂催化苯乙烯和丁二烯单体共聚而得到的，其比例的不同会决定产品的性能和用途。特别是用于纸加工的涂布胶黏剂，其苯乙烯与丁二烯的比例通常在50∶50至60～40之间。这种产品呈现为乳白色液体，固含量大约在45%～50%之间，pH值维持在9.0～10.5。作为胶黏剂，它能够提高涂布纸的高颜料结合强度和耐湿摩擦强度。

#### 6.3.1.3 羧基丁苯胶乳

羧基丁苯胶乳是一种在苯乙烯和丁二烯基础上，额外加入丙烯酸等不饱和羧酸作为第三单体的胶乳。对其的生产制造旨在增强黏合力。由于羧基具有高度活性，随着胶乳羧基化程度的增加，其涂料纸的剪切黏度和保水性也会得到提升。值得注意的是，在高剪切力作用下，涂料表现出剪切稀化的特性，这种特性非常适合于高速刮刀涂布。通常，羧基丁苯胶乳与改性淀粉、干酪素等胶黏剂一起使用，以获得流动性好、成纸性能优良的涂料。

## 6.3.2 淀粉

淀粉作为一种胶黏剂，因成本相对较低并可以根据特定的质量要求进行改性而广受欢迎。在过去的数十年中，淀粉一直是使用最广泛的胶黏剂。淀粉生产厂也可用各种复杂的方法使淀粉变性以形成淀粉酯或淀粉醚。造纸工业用淀粉乙酸酯的原因主要是这类酯基在防止直链淀粉变稠上很有效。它们有非常好的黏度稳定性。淀粉醚则适合用于那些需要有极好成膜性能或需阻止有机溶剂起作用的表面施涂。

### 6.3.2.1 天然淀粉的加工

天然淀粉在冷水中分散时，由于稳定性不足，其颗粒容易快速沉淀。在水中分散的淀粉本身不具有胶黏能力。为了赋予淀粉黏性，需要将其加热至温度超过糊化温度，这一温度因淀粉的来源而异。

当淀粉悬浮液被加热至温度超过糊化温度时，淀粉晶体开始吸水膨胀。经过一段时间，淀粉颗粒会转变为具有黏性的胶体溶液或淀粉浆糊。不同类型的淀粉（如玉米、土豆、大米、小麦或高粱）具有不同的平均糊化温度，通常在55～80℃之间。糊化的淀粉形成的是非牛顿流体。由天然淀粉制成的淀粉糊在极低的固形物浓度下就具有相当高的黏度，实际上很难制备浓度超过7%的可操作淀粉糊。随着时间和温度的降低，淀粉糊的黏度会增加，这种现象称为淀粉的老化。

老化现象具体是指在热解离过程中，淀粉分子的原始晶体结构被破坏。当淀粉糊冷却时，分子重新聚集形成不溶性聚集体，导致浆糊溶液逐渐变得浑浊并且黏度逐渐上升。最终，黏性浆糊可能转变为透明凝胶。在极稀的溶液中，由于缺乏足够物料使整个溶液胶凝化，不溶的淀粉粒子会沉淀到底部。特别是线性直链淀粉分子更容易出现这种现象，即老化现象。其作用原理为直链淀粉分子间形成了氢键。通常，老化是一个不可逆转的过程。

天然淀粉所存在的老化现象对它在工业上的应用尤其是在造纸工业表面处理方面的使用具有严重的影响。然而，通过淀粉的变性处理，可以有效防止老化现象的发生。

### 6.3.2.2 氧化淀粉的加工

造纸工业中，常使用次氯酸钠(NaClO)等氧化剂处理天然淀粉，以改变其结构和性质。氧化过程分为几个阶段。首先，在较低的pH值条件下，淀粉中的葡萄糖单体上的羟基被氧化成醛基。随后，通过加入碱提高溶液的pH值，醛基进一步氧化成酮基。继续提高pH值，酮基进而转化为羧基。

氧化引入的羧基能够使淀粉分子间的键断裂，这使得淀粉分子间的相互作用减少，从而稳定了淀粉的黏度。虽然氧化剂也会将淀粉分子裂解成较短的链，这会导致淀粉黏度的下降，但羧酸基的形成有助于保持一定的黏度。

在工业上，特别是在纸厂，淀粉可以就地进行加工变性。这种加工方式与连续淀粉蒸煮工艺紧密相连。氧化剂的添加必须得到精确控制，加药点位于淀粉悬浮液泵送入喷射蒸煮器之前。氧化反应在蒸煮过程中持续进行，并在保温时间结束时完成。通过这种方式处理的淀粉，其最终的物理和化学特性可满足特定的工业需求。

### 6.3.2.3 酶变性淀粉的加工

酶变性淀粉加工一般采用间歇法，并在一个配有大功率搅拌器的槽中进行，所用搅拌器需能在淀粉胶凝化时经受极高黏度，并需配有蒸汽喷射与控制装置。具体的工艺实例如下：

(1) 将20%固形物的未变性淀粉悬浮液进行充分搅拌。
(2) 调节pH值在5.5~6.5的范围内。
(3) 加入α-淀粉酶。使用蒸汽喷射加热搅拌的悬浮液，将悬浮液温度升至淀粉糊化温度(未变性玉米淀粉为68℃)，然后升至酶法最佳反应温度(70~75℃)。
(4) 关闭蒸汽，并在75℃下保温10 min，以使酶将淀粉变薄。
(5) 打开蒸汽并加热到95℃以去除酶的活性，并在95℃下保温10 min。
(6) 在泵送储存的同时，将淀粉悬浮液稀释到所需的固含量。

需要注意的是，用于制备淀粉悬浮液的水的硬度对淀粉的变性速率有明显影响，硬度越大，变性速率越快。α-淀粉酶的用量应选择适当，以确保在规定的时间内获得所需黏度的淀粉糊。典型的酶用量为淀粉的0.05%~0.1%。

## 6.3.3 聚乙烯醇的加工

聚乙烯醇(PVA或PVOH)通常以干粉形式供应给纸或纸板厂。PVA的蒸煮过程与淀粉类似，都使用蒸汽作为加热源。PVA 的间歇法处理过程与淀粉的处理过程基本相同。

PVA 的关键设备是一个带有蒸汽入口管的大功率混合器，它能够使蒸汽泡在 PVA 中均一分布。在强烈的混合过程中，PVA 被润湿以避免结块，因为结块的 PVA 外层可能已经湿润，而内部的 PVA 粉末仍然保持干燥。这种结块在随后的 PVA 蒸煮过程中很难被破碎。PVA 悬浮液体系温度通过直接蒸汽加热升至 90～100℃，并保持 20～30 min，直到间歇蒸煮器中形成清澈的 PVA 溶液。PVA 的黏度在温度为 65～75℃期间达到最大。

与淀粉蒸煮的主要区别在于，PVA 蒸煮系统中分子的结构或聚合物链长不会发生变化。PVA 的热溶液在其贮存容器中需要保温，以防止由于温度下降而引起的黏度变化。

### 6.3.4 蛋白质的加工

蛋白质常以散装粉末形式供应至涂料站，并通过计量被加至间歇蒸煮器中。在这个过程中，关键的控制指标是蛋白质溶液的干固形物含量。为了确保适当的反应环境，必须准确计量水和蛋白质的加入量，并加入适量的化学品来控制 pH 值。

蛋白质加工的典型工艺参数如下：干固形物质量分数应控制在 10%～15% 之间，碱的使用量为蛋白质的 7%，通常采用氢氧化钠和二氨水（两者比例为 1∶2）作为碱源。将蛋白质溶液加热至 60℃，并保持此温度下的保温时间 15～30 min。

蛋白质的蒸煮过程需持续进行，直到胶黏剂变成无结块的溶液的状态。此后的处理系统操作方法与淀粉间歇蒸煮器的操作过程相似。

## 6.4 添加剂的添加

在纸或纸板厂的涂料站中，通常需要使用至少 5 种添加剂。在某些生产过程中，使用的添加剂数量甚至可能多达二三十种。尽管这些添加剂的体积或重量相对较小，但它们对涂料的质量、运行性能、涂布工艺以及所用的纸或纸板制品的质量具有显著影响。

在涂料配料中，多数被称为添加剂的化学品通常被视为次要组分。尽管它们对总固形物水平或总重量（或总体积）的影响相对较小，但它们在精确调节涂料的性能，使其适用于特定的涂布用途方面发挥着至关重要的作用。这些添加剂包括羧甲基纤维素(CMC)、流动性调节剂、pH控制剂、杀菌剂、消泡剂、除气剂、染料、光学增白剂等。除了CMC以外，这些化学品通常以溶液、乳化液或分散体的形式供货。

这些添加剂的浓度可能已经调整至可以直接计量并加入涂料制备系统的水平。如果不适合直接使用，它们需要被稀释至较低的浓度，以提高计量的准确性或避免因浓度过高而可能对反应系统产生冲击。

### 6.4.1　添加剂的稀释

在稀释添加剂时，需要精确计量化学品和水的体积或重量。这是因为准确知道每种化学品的最终浓度对于确保添加剂在涂料配料中得到正确配比而言至关重要。

### 6.4.2　添加剂的使用

操作人员可以将输送和计量设备简单地连接到添加剂容器的排出管接头，按照涂料配方中指定的百分比轻松使用添加剂。此外，为了确保精确计量，现已开发了一种全自动化系统，该系统能够监控容器内液位的变化，并自动处理从空容器到全满容器的状态转换。这使得添加剂的使用不仅更为方便，而且精确度得到提升。

### 6.4.3　添加剂的加工

以羧甲基纤维素(CMC)为例说明常用添加剂的加工过程。羧甲基纤维素是一种经过改性的纤维素类产品，CMC的加工处理类似于淀粉，都是通过间歇法进行蒸煮。在某些工厂，CMC和淀粉蒸煮系统甚至使用带有蒸汽连接管的同一台大功率混合器。不过，它们各自拥有独立的料仓和煮后溶液贮槽。

CMC蒸煮过程中的一个特殊步骤是，在约50℃的温水中对其进行润湿，以防止结块的形成。润湿阶段完成后，接着使用直接蒸汽进行蒸煮。在混合搅拌过程中，必须确保足够的力量，因为如果CMC形成结块，它们将无法在后续工序中碎解，这可能会导致后续所有筛子出现堵塞问题。

## 6.5 涂布机涂料供应系统

涂布机供料系统的主要任务是确保涂料能够被输送到涂布头,并在纸或纸板上均匀涂布。图6-2展示了一个配备了多项先进技术的供料系统。在纸或纸板的涂布工艺中,一个显著的特点是,只有5%~10%的涂料被施涂到移动的纸幅上,而剩余的90%~95%则回流到供料槽中。为了保证涂布机的连续运行,需要进行大量的内部循环,以确保供应的涂料干净且均质。因此,所有管道、泵和相关设备的尺寸都必须相应增大,这是确保涂布机稳定运行的必要条件。

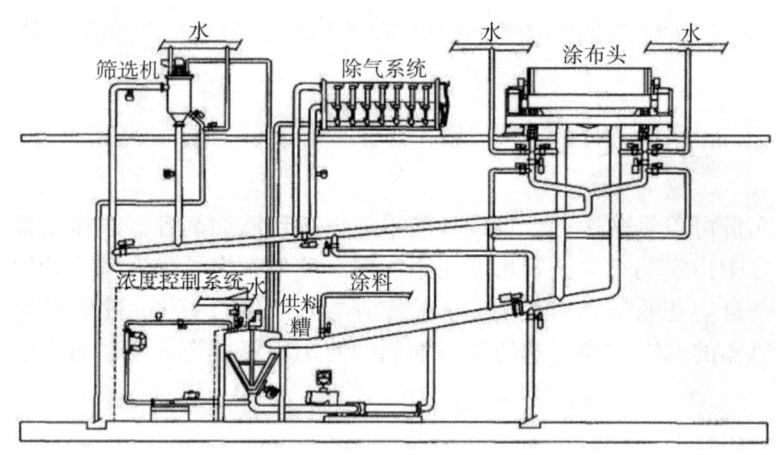

图6-2 涂布机供料系统

从涂料制备站生产出来的新鲜涂料,将被送入供料槽,供料槽的液位控制系统负责控制新鲜涂料的进料。随后,涂料被泵送至筛选机,并除去大于80 μm的杂质。筛选机还具有去除涂料中大气泡的功能。废渣排放程序由计算机控制,根据供料系统的清洁程度,定期开启和关闭。损纸以及从物体表面脱落的干涂料粒子都会使得涂料中的杂质含量上升。

涂料中的气泡问题可通过除气技术得到解决。气泡会影响涂布产品的质量,导致漏涂、泡沫点和空白网点等问题出现。利用高离心力,可以将含气的涂料与主流涂料分离,确保涂布质量。涂布站的压力和流量由节流阀系统精确控制,以保证流量的准确性。系统溢流返回供料槽,实现了循环利用。

在纸或纸板生产过程中,一旦发生断纸,自动化程序会立即启动,操纵阀门将被关闭,干净涂料将流回供料槽。同时,冲洗水阀打开,清洗涂布头和可能沾有纤维或涂料粒子的管道。含有杂质的水则被排放至工厂地沟。这一系列操作确保了生产线的连续性和涂料的清洁度。

供料系统的典型特征是阀门数量较多。这些阀门对于精确控制涂料、洗涤水和被污染混合液的流量而言至关重要。此外，这些流体必须被妥善隔开，从而确保涂布制品生产过程的连续性和产品质量。

### 思考题

1. 画出涂料制备站简图。
2. 画出涂布机供料系统简图。

# 7 涂布技术

### 学习要点

- 涂布头
- 涂布系统
- 涂布机

### 学习目标

- 了解涂布头
- 掌握涂布系统上料和计量装置的工作原理
- 了解涂布机的发展方向

## 7.1 涂布头

### 7.1.1 概述

在纸张和纸板上涂布是为了赋予其均匀、光滑和一致的表面特性。在涂布面上，涂料的微孔结构能够防止印刷油墨渗透到纤维结构内部。因此，使用涂布纸张可实现高品质的印刷效果。涂料的典型厚度范围在 5～20 μm 之间，相当于每面的涂布量为 5～20 g/m²。涂布量增加时，为了达到所需的厚度，需要增加涂层数。然而，由于经济和技术上的限制，涂料的过量施加会导致外观质量的下降。表 7-1 显示了目前所生产涂布纸张的典型涂布量。

表 7-1 涂布纸的典型涂布量

| 涂布纸 | 每面的涂布量/(g·m$^{-2}$) |
| --- | --- |
| 低定量 | 5～10 |
| 单层涂布，中定量 | 8～16 |

续表 7-1

| 涂布纸 | 每面的涂布量/(g·m$^{-2}$) |
|---|---|
| 双层涂布 | 14～26 |
| 三层涂布 | 24～40 |

纸张经过涂布站时，涂布头对纸张施涂。涂布和干燥可以集成在纸机内部（称为机内涂布），或者在独立的涂布机中进行（称为机外涂布）。涂料是液体，一般情况下将尽可能提高其固形物含量，以减少干燥能耗并防止原纸过度增湿。印刷纸的涂料固形物含量通常在50%～70%之间，而功能性涂料的固形物含量则在10%～30%之间。

由于涂料层仅有 10～20 μm 的厚度，且原纸本身并不绝对平滑，因此无法通过现代技术一次性准确施加所需涂料量。最大的挑战是如何排除纸面上的边界层空气，以确保涂料能够覆盖整个纸面。随着涂布机速度的提升，这一点变得更加关键。解决方法是通过引导纸张穿过一个高压区域，在此区域中，充足的涂料被施加到纸张上，以保证纸张表面的全面覆盖。在施涂区，必须确保足够的压力和涂料量，以使纸张能够被完全覆盖。然而，这也意味着实际所需的涂料量通常高于期望的涂布量，这就引入了循环率的概念，即需要将更多的涂料泵送至涂布头以实现充分涂布。常见的循环率为 30:1，这要求支持设备上有相当大的管理系统和泵送系统来处理实际施加到纸张上的涂料量。

因此，现代涂料技术分为两个阶段：①确保涂料均匀覆盖纸张的每个点；② 计量涂料以达到所需的涂布量。为了实现这两个目标，涂布站通常配备有涂布头和计量元件，如图 7-1 所示。

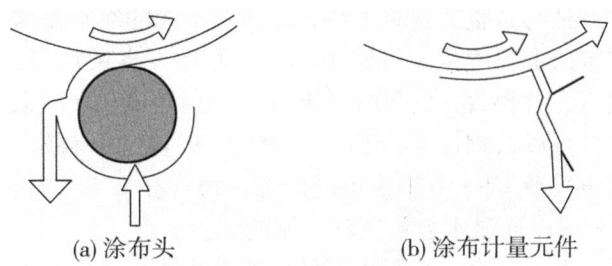

(a) 涂布头　　　(b) 涂布计量元件

图 7-1　涂布站配备涂料施加及计量元件

## 7.1.2 涂布系统

### 7.1.2.1 辊式上料装置

在造纸工业中，辊式上料装置（或称为上涂辊）是应用最为广泛的涂布头。这种装置展示了其极高的适用性，即其适用纸张有从低于 500 m/min 涂布速度的涂布纸板，到高达 1 500 m/min 涂布速度的低定量涂布纸，几乎覆盖了所有类型的纸张。图 7-2 展示了辊式上料装置的施涂原理。

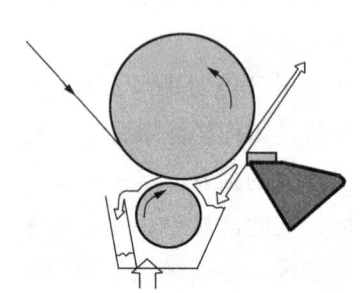
图 7-2 辊式上料装置

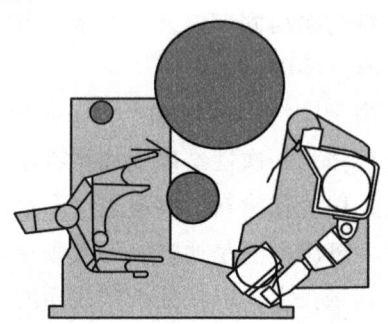
图 7-3 在保养位置的辊式上料装置

这种涂布头由两个不同直径的辊子组成，这两个辊子都由电机驱动，并配有橡胶挂面。在涂布过程中，较大的背辊支撑纸幅，并以纸机或机外涂布机的速度同步驱动。背辊通常比涂布机内的任何引纸辊都要大，以确保在施涂和计量过程中为纸幅提供稳定和可靠的支撑。背辊的轴承可以直接固定到涂布机的机架上，或者固定在背辊自身的支架上（图 7-3）。这种设计减少了从涂布机其他部分传递到背辊的振动以及这些振动对精密的计量过程的干扰。涂布站的其他所有部分都是可移动的，并且与背辊的位置可调，以适应不同的涂布需求。

辊式上料装置的上料辊位于背辊下部，正好在 6 点钟位置，或有些许偏移。上料辊的直径通常为背辊直径的 30%～40%。上料辊的轴承安装在可移动的操作杆上，这些操作杆可以被螺旋千斤顶手动操作，以移动上料辊。在操作过程中，背辊与上料辊之间常保持一个非常小的间隙，通常在 0.5～1.5 mm 之间。上料辊通常有 2～3 个可以通过水力或气动控制的位置。

在维护位置，上料辊会完全脱离背辊以便进行清洗。在启动准备位置，上料辊可迅速将涂料输送到纸张上。而在工作位置，操作杆与设定间隙的螺旋千斤顶对齐，此时涂布机进行涂布。上料辊的旋转方向与纸张的运行方向一致，其可将涂料推送到纸张上，但推送速度通常只有机器速度的 1.5%～25%。

辊式上料装置的第一个部件是上涂盘，也称为涂料盘。在操作过程中，上料辊部分沉浸在涂料盘中。涂料盘具有一个或多个涂料入口和一个回流涂料出口。涂料盘内的导向盘面起到一定的涂料流动控制作用，并将涂料入口区与回流出口区分开。由于涂料盘的隔板并非始终被涂料覆盖，容易被干燥的涂料黏附，因此其局部需要进行水冷却以防止涂料积聚。

涂料被涂布到纸张上后，纸张会绕过背辊并行进至计量刮刀部位。在涂布和计量的停留时间内，纸张从涂料中吸取水分，使涂料脱水形成一层薄薄的涂层。整个涂布过程可以分为三个主要阶段，具体如下：

（1）涂料施加到纸张上：上涂辊将涂料带入施涂压区，这个区域由上涂辊和背辊之间的隙缝构成。纸张在这个压区内接触到涂料的时间为 2～5 ms，这一时间取决于辊子的直径、机器的速度和隙缝的宽度。在这个短暂的接触时间内，压区内的涂料受到 50～400 kPa 的压力脉冲作用，这个压力范围取决于速度、隙缝宽度和涂料的黏度。在这种压力的作用下，涂料的液相部分开始渗透到纸张的纤维结构中，留下一个浓缩的涂料层。

（2）施涂与计量之间的驻留时间：当上涂辊与纸张在压区出口侧分离时，压力迅速下降，有时甚至会出现低于大气压力的情况，导致气穴现象出现。施涂后的纸张在计量刮刀前停留的时间为 20～50 ms，这个时间阶段是整个涂布过程最长的。因为这个特点，辊式上料装置也被称为长驻留时间上料装置（LDTA）。在这个驻留时间内，纸张的吸收能力使得涂料进一步脱水。

（3）计量：最后，纸张绕过背辊行进至计量元件部位，刮刀、刮棒或气刀常被用于精确计量涂料的厚度。

如图 7-4 所示为这三个阶段的示意图，其中包含了最重要的工艺参数。纸张的运行方向为从左到右，上涂辊将涂料引入施涂压区，并通过压力脉冲促进涂料渗透和脱水。

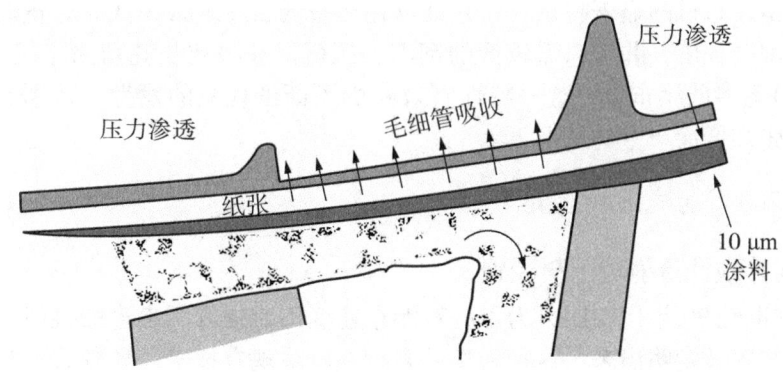

图 7-4　施涂、驻留时间和计量三阶段的涂布过程简图

#### 7.1.2.2 短驻留时间上料装置

短驻留涂布机是在20世纪70年代晚期开发的,其设计宗旨是在高速涂布机上涂布低强度原纸时,能够有效减少断纸现象。故其提供了一种更为高效的涂布头。

如图7-5所示为短驻留涂布头的操作原理。涂料从施涂室底部的孔口进入,随后被引导至涡旋体,在此与室内已有的涂料混合。为了维持施涂室内物料的平衡,涂料通过回流间隙流动。

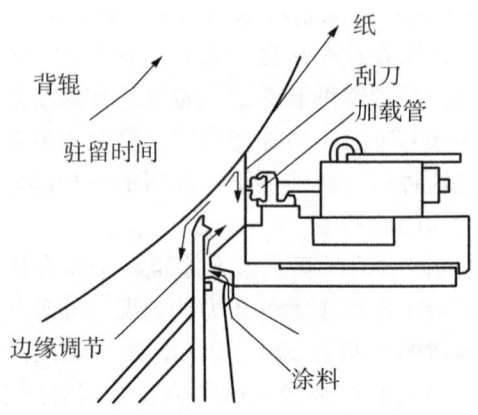

图7-5 短驻留涂布头的操作原理

在高速涂布过程中,纸幅表面会携带大量边界层空气,因此回流涂料密封的重要性不言而喻。涂料在回流隙缝和刮刀之间加速,靠近纸幅表面,计量刮刀则负责刮去多余的涂料,确保纸面上只留下所需的涂布量。刮下来的涂料随后与新进入室内的涂料混合,这一过程持续进行着。

短驻留涂布机的显著特点是,它能够在涂布低强度纸张和低涂布量时减少纸页强度的削弱程度,并且只需较低的刮刀加压就能获得比长驻留涂布机(如辊式上料装置)更多的涂布量。这一特性有效减少了断纸现象的发生,特别是在处理低强度纸张和低涂布量的情况下。

#### 7.1.2.3 射流上料装置

**1. 刮刀预计量射流上料装置**

在20世纪90年代初期,为了应对涂布速度不断提升所带来的挑战,一种新型的上料装置被发明出来。这种新型装置旨在解决现有技术,如辊式上料装置和短驻留涂布头在高速涂布时难以实现稳定质量的问题,如由其带来的不良裂膜、罗纹图案和短驻留条纹等成品质量问题。

射流上料装置的设计目标是消除这些缺陷。这种技术有两种不同的设计方案。第一种设计是类似于短驻留型涂布头的装置,它包含一个压力施涂室。这种上料装置(图7-6)取代了传统的辊式上料装置,但相应驻留时间保持不变。其创新之处在于,它预计量提供一个均匀的涂料薄膜在纸页上,而不是通过辊子施涂。在刮刀梁上仍然配备有最终的计量刮刀,而回转刮棒和刮刀则作为预计量元件。使用这种装置,纸页上的涂料用量显著减少,且涂膜极为均一,可消除所有在驻留区内的图纹和颜料飞溅问题。

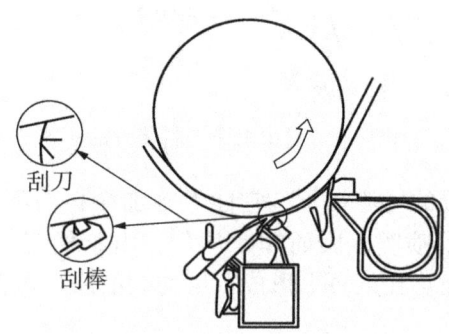

图7-6 刮刀预计量射流上料装置

2. 自由射流上料装置

在20世纪90年代中期,自由喷射技术重新受到关注,特别是在日本得到了广泛应用。这项技术最早由美国 Black Clawson 公司开发,其著名的"喷泉式射流上料装置"并未在其他国家取得显著成功。然而,拥有 Black Clawson 公司许可证的日本石川岛播磨重工业株式会社开发的涂料脱气技术成为新型自由射流上料装置获得成功的关键。

自由射流上料装置的核心是一个带有0.6～2.0 mm开口的喷嘴,该喷嘴位于背辊下方,位置与辊式上涂装置相似。如图7-7所示为一台自由射流上料装置的典型配置,而图7-8所示则为其操作原理,其中喷嘴缝隙的放大图尤为重要。喷嘴唇部与背辊之间的距离通常为5～20 mm,这一距离可以通过涂布站侧架上的机械制动器进行调节。喷嘴的形状创造出一

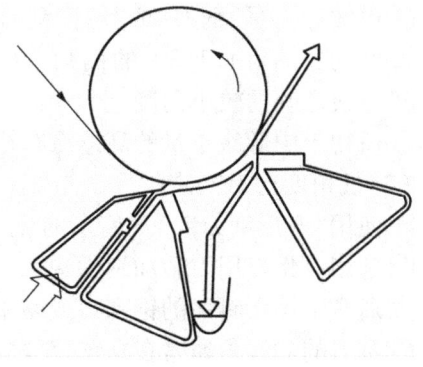

图7-7 自由射流上料装置

段涂料射流,其速度受缝隙大小和涂料流量的影响。涂料射流随后撞击到背辊上的纸页上。为了获得均匀稳定的射流冲击,纸页速度通常需要快于射流速度,一般纸页与射流的速度比在2~6之间。

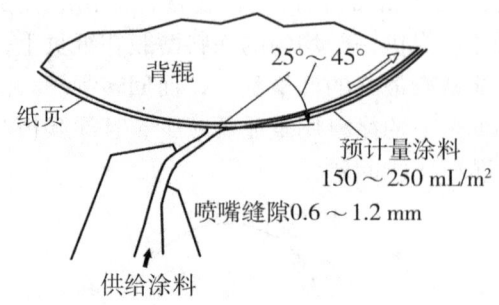

图7-8 自由射流上料装置的原理

自由射流上料装置的优势在于,它能够施加涂料而不产生裂膜图纹或溢流。射流以薄片状形式离开喷嘴,因而非常均匀。由于射流与纸页之间存在速度差异,射流被拉伸,从而可在纸页上形成一层均匀的涂料覆盖。

### 7.1.3 计量系统

#### 7.1.3.1 刮刀计量

1. 刮刀的使用方式

在施涂作业中,弹簧钢刮刀常用于平整地铺展涂料。根据刮刀计量工艺,可以区分两种不同的刮刀使用方式:

(1)高角度刮刀工艺:

①也被称为"硬刮刀"或"斜面刮刀"。

②使用尖端角大于30°的钢刮刀(尖端角是指刮刀顶尖处,背辊正切线与刮刀边正切线之间的较小角度)。

③适用于中低涂布量的高速涂布机。

(2)低角度刮刀工艺:

①使用"弯形刮刀",尽管所有刮刀都有一定的弯曲度,但这种刮刀被特别设计出来用以将作用力施加到尖端。

②通常采用无斜面的钢刮刀或略带斜面的陶瓷刮刀。

③刮刀的尖端角通常在0~15°之间。

④适用于中高涂布量的低速涂布机。

如图7-9所示为这两种刮刀计量工艺的细节。

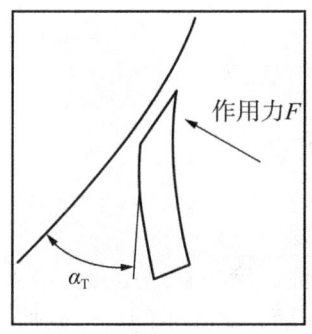
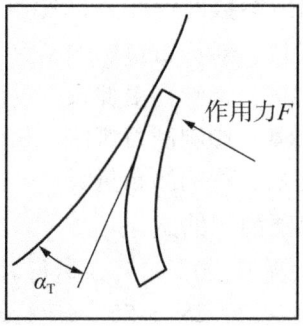

图7-9 高角度刮刀与低角度刮刀示意图和尖端角($\alpha_T$)的定义

2. 刮刀的作用与调节方法

(1)作用：刮刀用于控制涂布量和提高纸面品质。

(2)调节方法：调节刮刀的方法如图7-10所示。

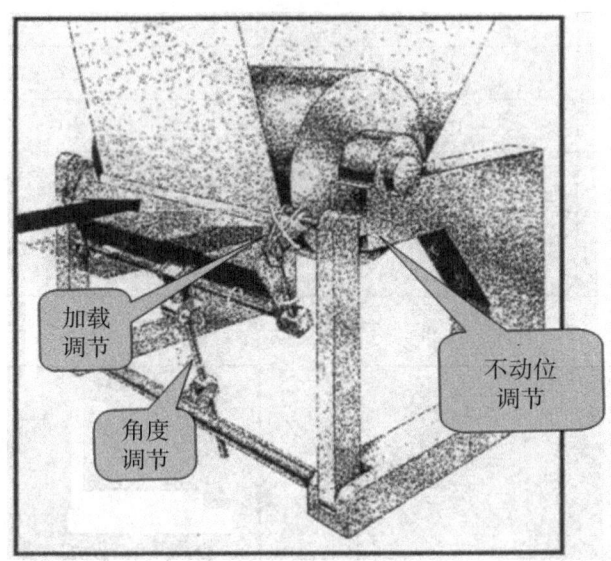

图7-10 刮刀的调节

3. 刮刀的质量

(1)材质：影响涂布面质量，如碳含量高可能导致刮痕的出现。

(2)冶炼技术：影响钢的性质，如钢性和耐磨性等。

(3)精度：刮刀的宽度、厚度变化都会影响刀尖端角的大小，进而影响涂布量。

4. 刮刀参数对涂布量的影响

(1) 长度：对涂布量影响不大。
(2) 宽度：影响自由伸长，进而影响涂布量。
(3) 厚度：影响刮刀弯曲，从而影响涂布量。
(4) 角度：影响涂布量。

5. 软硬刮刀的定义

(1) 软刮刀：0°～14°，运行时作用在刀侧面，涂布量随压力的加大而增加。
(2) 硬刮刀：25°～55°，运行时作用在刀锋面，涂布量随压力的加大而减少。

6. 软硬刮刀的对比

软刮刀和硬刮刀的对比如表7-2和图7-11所示。

表7-2 软刮刀和硬刮刀的对比

| 分类 | 软刮刀 | 硬刮刀 |
| --- | --- | --- |
| 涂布量/gsm | 10～20 | 5～15 |
| 刮刀尖端角/° | 0～14 | 25～55 |
| 刮刀梁角度/° | 10～27 | 30～52 |
| 涂布量控制 | 刮刀梁角度，停止点控制 | 刮刀加载（恒定刮刀梁角度）<br>刮刀角度（恒定刮刀角度） |
| 适用需求 | 高涂布量；高光泽 | 高平滑度；低涂布量 |

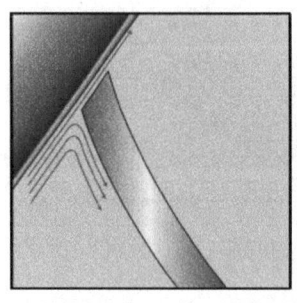
硬刮刀

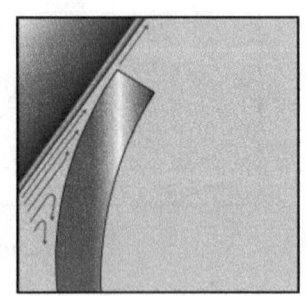
软刮刀

图7-11 硬刮刀和软刮刀的图示对比

### 7. 单角度刮刀和双角度刮刀的对比

单角度刮刀和双角度刮刀的示意图如图 7-12 所示。

单角度刮刀

双角度刮刀

图 7-12　单角度和双角度刮刀

### 8. 涂布头控制

（1）对涂布量有影响的涂布机设定因素：
①刮刀梁角度；
②刮刀的自由伸长特性；
③刮刀的加载；
④刮刀梁与背辊的距离（停止位或偏移位）。

（2）涂布量控制技术：

涂布头的涂量控制技术如图 7-13 所示。
①恒角控制：刮刀负荷是主要控制参数；
②软刀控制：刀尖角度是主要控制参数；
③低角度恒角控制：刮刀负荷是主要控制参数；
④刮棒计量：刮棒压力是主要控制参数。

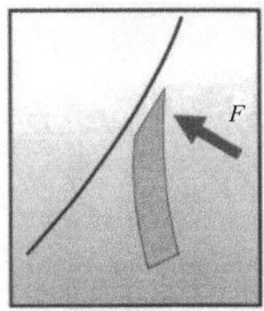
(a) 恒角控制

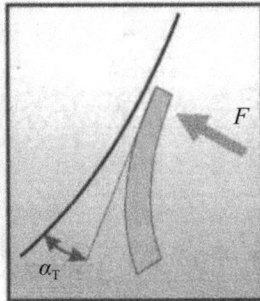
(b) 软刀控制和低角度恒角控制

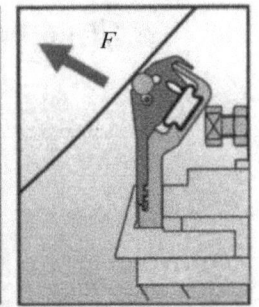
(c) 刮棒计量

图 7-13　涂布头涂量控制技术

(3)刮刀角度对涂布量的影响:
刮刀角度对涂布量的影响如图7-14所示。

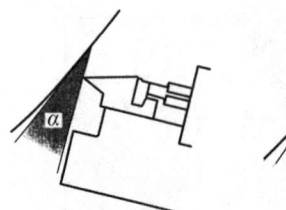 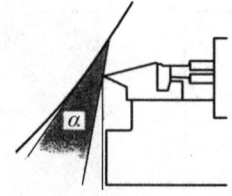 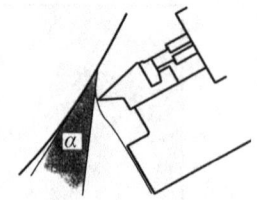

(a) 低加载—高涂布量　　(b) 中等加载—中等涂布量　　(b) 高加载—低涂布量

图7-14　刮刀角度对涂布量的影响

(4)刮刀尖端角与刮刀梁角:
刮刀尖端角与刮刀梁角如图7-15所示。

(5)刮刀尖端角的位置:
刮刀尖端角的位置如图7-16所示。

①最佳工作情形:轻微作用在刀尖上(2°~5°),成品取得较高的纸面光泽度和较低的粗糙度。

②可接受的工作情形:作用在斜面上,使纸面取得较好光泽度和粗糙度。

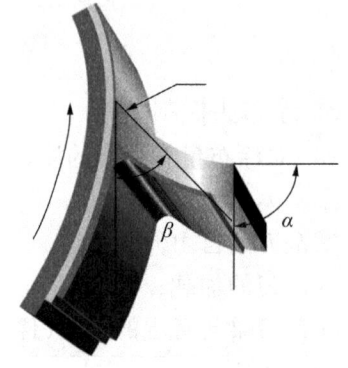

图7-15　刮刀梁角 $\alpha$ 和刮刀尖端角 $\beta$

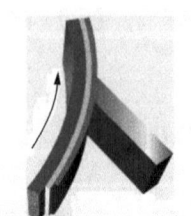 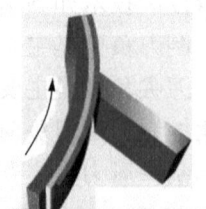

刮刀作用在斜面上　　　　刮刀轻微作用在刀尖上

(a) 正确

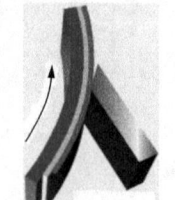 

刮刀作用在刀跟上　　　　刮刀过度作用在刀尖

(b) 不正确

图7-16　刮刀尖端角的位置

③错误的工作情形：作用在刀根上，可能导致成品留有较多的刮刀条痕等问题出现。

④不良的工作情形：作用在刀尖上（约6°或以上），刮刀磨损较快，纸面微观平整性等下降较快。

#### 7.1.3.2 计量棒计量

施加涂层的另一种计量方法是使用计量棒，如图7-17所示。这种技术已在涂布纸板、无碳复写纸和热敏纸的生产工艺中得到了长期应用。计量棒计量相对于刮刀计量的主要优势在于，由于计量棒的旋转（通常与纸张运行方向相反，转速为100～300 r/min），任何尘埃或松散的纤维都能被冲刷回流，避免了在刮刀涂布过程中可能出现的条纹问题。这也是在处理较粗纤维原纸（如纸板）或易出现刮痕的特殊涂料时，计量棒被广泛采用的原因。

图7-17 运转中的计量棒

计量棒的另一个特点是其涂布量的控制范围相对有限。当需要高涂布量时，计量棒无法像刮刀那样在整个机器宽度上均匀施压，这是因为计量棒较为坚硬，其唯一的弹性来自于计量棒后的加压管。而在低涂布量情况下，由于计量棒具有较大的表面积，需要比刮刀尖端更大的压力来作用，这会导致计量棒、夹具和棒座承受较大的磨损。通常情况下，使用计量棒的涂布量范围为7～11 g/m²，横向分布的均匀性略逊于刮刀。

此外，涂层结构在使用计量棒时也往往有所不同。由于计量棒与纸张接触面的比表面积比刮刀更大，因此在刮除涂层时会对纸张施加更多的压力。这使得计量棒比刮刀更容易在表面留下痕迹。这种特性使得计量棒非常适合于许多纸板涂布的应用，尤其是在覆盖率是首要考虑因素而非表面光滑度的情况下。

#### 7.1.3.3 气刀计量

气刀涂布机因自身所具备的卓越性能，在涂布纸板和特种涂布纸领域得到了广泛应用。其在纸板涂布中的优势体现在以下几点：

①气刀涂布机能产生比其他类型的涂布机都要好的仿形表面。

②相对于刮刀涂布机，气刀涂布机较少出现由杂质引起的刮痕，尽管喷嘴堵塞可能会偶尔造成类似的可见缺陷。

如图7-18所示为刮刀涂布机的水平涂层（或充斥孔隙的涂层）与气刀涂布机典型的仿形涂层的基本原理对比。

在特种纸的应用中，气刀涂布机的选用理由与纸板涂布相似，或者是为了在涂布压敏纸（如无碳复写纸）时，能够以低压力计量而不破坏微胶囊。

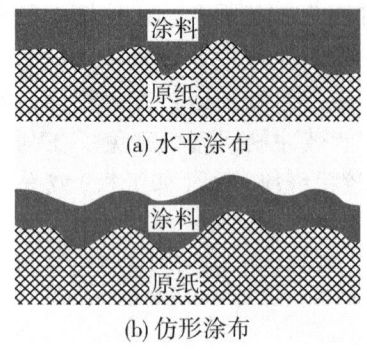

图7-18 水平涂布与仿形涂布

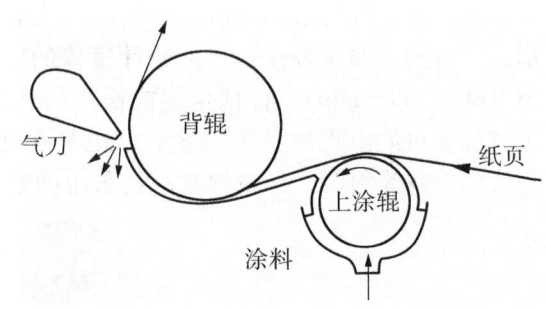

图7-19 气刀涂布的工作原理

气刀涂布头留下仿形涂层的操作方法如图7-19所示。在施涂装置（上料辊）中，涂料被施加到纸或纸板上。涂料迅速脱水，在到达空气刮刀（气刀）之前形成固含量梯度变化。气刀的作用是吹开涂料的液层。但在涂料固含量逐渐升高的某个点，涂料的黏度变得非常高，基本上无法被气刀吹动或吹离。这种情况下，纸和纸板的谷顶与谷底上形成了大致相等的固形物梯度，从而产生了仿形涂布面。因此，吹涂层的空气切削点能够始终与表面保持相同的距离。

## 7.2 涂布机

### 7.2.1 机内和机外涂布机

在造纸生产线上，基于布置位置的差异对涂布机有两种基本方案供选择：机内涂布机和机外涂布机。方案的选择主要取决于生产的经济性要求。

机内涂布机的优点是生产效率较高。然而，它的缺点是在涂布机断纸时，整个生产线必须暂停工作，直到问题解决。另一方面，机外涂布机虽然会有更多的断头，但涂布机可以通过加快运转速度的方式来弥补。此外，一些纸病在涂布机之前就可以在再卷机处被淘汰处理。因此，几乎所有的纸板涂布机都为机内涂布机，因为其断纸情况较少，且厚纸板不需要修补孔洞。对于涂布纸的生产，工厂可以根据生产需求选择机内或机外涂布机。图7-20展示了机内涂布机和机外涂布机的示意图。在机外涂布中，涂布机首先与退卷装置接触；再卷机位于纸机和涂布机之间；纸机末端设有卷纸机。当比较特定纸厂特定纸种的机内与机外涂布机时，还可以注意到其他不同点。如表7-3所示为这两种设备主要优缺点的对比。

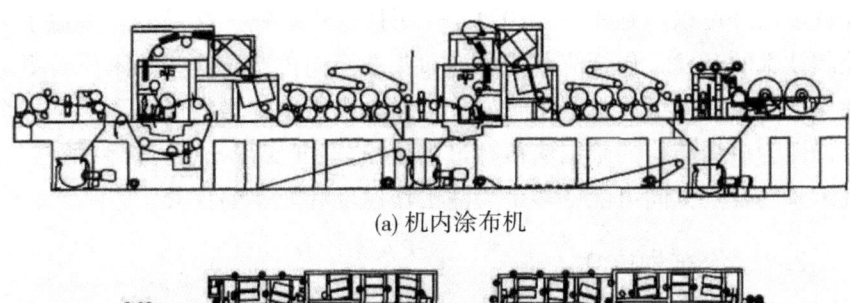

(a) 机内涂布机

(b) 机外涂布机

图7-20 机内涂布机和机外涂布机

表7-3 与机内涂布机相比，机外涂布机的优缺点

| 优　点 | | 缺　点 | |
|---|---|---|---|
| 不影响纸机效率 | | 投资较高 | 起重吊车；退纸装置；更多的干燥；涂料较大的机内循环；卷取；较长的建筑物 |
| 纸机损纸不影响涂布效率 | | | |
| 损纸少 | 孔洞可修复 | 更多劳动力 | 再卷机1；再涂机2；起重吊车；选纸 |
| | 不能在涂布机上运行的纸张可以淘汰 | | |
| 有更好开机启动曲线 | | 高能耗 | 纸张加热；起重吊车；加速作用 |
| 纸种容易改变 | | | |
| 涂布工艺的运行参数可自由选择 | 速度 | 自动接纸脱漏引起的危险 | |
| | 首先被涂面 | 纸机的纸卷不好看管 | |
| 测试原纸较容易 | | 丧失部分纸的动态强度 | |
| 不涂布的纸种运行较方便 | | 反馈到纸机较慢 | |
| 涂布原纸可来自不同纸机 | | 整个过程的责任较难分清 | |

## 7.2.2 涂布机的发展趋势

### 7.2.2.1 涂布机宽度

20年前,由于横幅的均匀分布难以被控制,多层涂布铜版纸的涂布机宽度只要达到5 m了,便被认为是过宽的。然而,随着技术的进步,目前最新的涂布生产线宽度已经可以达到8.4～10.4 m,而且运作顺畅。这一变化得益于自动化横向控制技术的开发,包括流浆箱和涂布头的横向控制,这些技术使得更宽的纸张也能保持均匀的原纸质量。尽管如此,涂布机宽度的增加似乎不再是一个持续的趋势,因为机械结构的限制使得超过10 m的宽度变得不可行。为了增加产量,涂布机未来的发展方向可能更多是关注工作速度和效率的提升。

### 7.2.2.2 涂布机速度

近年来,新建的涂布机设计速度已经可以达到1 800～2 000 m/min,甚至1 800 m/min的速度已经在生产性涂布机上短暂运行过。提高涂布生产线速度面临多项挑战,但这些问题看起来都是可以解决的。事实上,超过3 000 m/min的速度已经在试验性涂布机上成功被试验并已生产出质量完美的产品,这证明了高速施涂技术的可行性。然而,当机器宽度从中试机的1 m增加到生产机的10 m时,空气动力学问题变得难以解决——因为空气无法从两边逸出,而是积聚成气垫,减少了涂布机内的摩擦力。在机外涂布机中,自动接纸成为最大的速度瓶颈,而在许多提速改造项目中,干燥器的空间配置也变得至关重要。为了实现空间的最大化利用,可通过消除无支托引纸来增加有效的干燥长度,或者通过提高干燥器的产出能力等措施实现。

### 7.2.2.3 涂布机运行性能

随着速度的提高,纸幅上受到的空气拉曳力、离心力以及涂布器刮刀的加压也会增加,通常会导致断纸次数的增加。当速度达到2 000 m/min时,可能需要对通过涂布机的纸幅支托问题进行全新的思考,或将创造出一种全新的、全程支托的涂布机配置。此外,涂布机运行性能的另一个重大提升或许将是开发出基本上不对纸幅施加压力的涂布方法。

## 思考题

1. 使用图像解释颜料涂布所运用的各种不同方法。
2. 试比较不同的涂布系统的差异。
3. 讨论刮刀涂布的涂布量是如何确定的。

# 8 纸张涂层的干燥

### 学习要点

- 红外干燥
- 空气干燥
- 烘缸干燥

### 学习目标

- 理解干燥的原理
- 了解红外干燥、空气干燥和烘缸干燥的原理
- 掌握干燥速率的概念

干燥技术是颜料涂布纸生产的关键环节。目前，有三种主要的干燥技术被广泛采用：红外辐射干燥、空气干燥和烘缸干燥。这三种方法通常按照特定的顺序在工厂中被应用于干燥涂布纸的工艺中，在实际操作中，也可能会根据具体需求选择被单独使用或组合使用。

具体实践中，红外辐射干燥与烘缸干燥或红外辐射干燥与空气干燥的组合方式是较常见的。特别地，后者组合由于操作灵活、成本相对较低，常被中试涂布机所采用。因此，尽管干燥方法的选择可能因生产需求而异，但通常所说的干燥序列往往仍是以上述三种技术为基础的。

## 8.1 红外干燥

红外干燥器在过去三十年中已成为涂层干燥的典型选择，主要由于其占地面积小和具有出色的可控性。此外，红外干燥还能在某些情况下提升涂布质量。由于其能够精确控制辐射能在特定区域内的分布，因此在调节干燥剂的横向分布方面表现尤为出色。

红外干燥器的非接触性质使其成为预热和初始干燥湿涂料的理想选择，尤其

是在与烘缸接触之前。这种预处理有助于提高涂布质量并减少成品潜在的干燥不均匀性。与空气干燥器和烘缸干燥器相比，红外干燥器因具有快速可控性还具有有助于在断纸或品种更换后迅速重新启动开机的优势。因此，红外干燥器在涂布纸生产中提供了一种高效、灵活的干燥解决方案。

### 8.1.1 辐射干燥的原理

辐射干燥是一种通过热辐射传递能量至纸幅并使其干燥的方法。这种干燥方式利用的是电磁能谱中 $1 \sim 100 \mu m$ 波长范围内的能量，这一范围被称为"热辐射"。在辐射干燥过程中，通过电流或燃气加热辐射材料，当其温度达到一定程度时，材料会开始大量发射红外光波。这种辐射干燥方式被称作红外辐射干燥，纸幅吸收的能量加剧分子动，从而使纸幅内部温度升高，促进水分的蒸发，达到干燥的目的。

图 8-1 展示了不同温度下黑体发射的光谱。值得注意的是，任何温度高于绝对零度的物体都会发射热量，而且热量的净发射流量的流向是从高温物体向低温物体。这意味着在辐射干燥过程中，热量会从高温的辐射材料传递到低温的纸幅，从而实现纸幅的干燥。

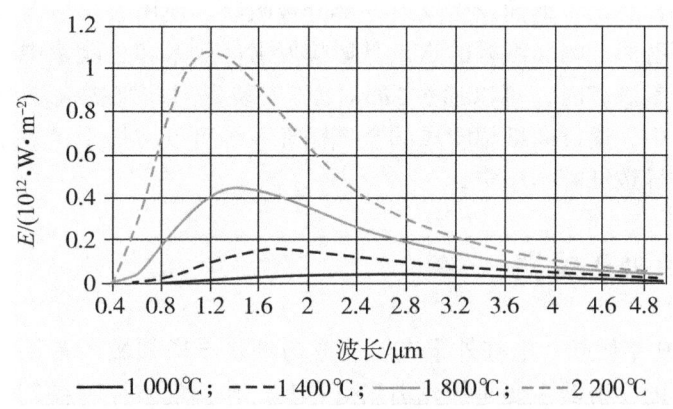

图 8-1 在真空中黑体的发射光谱

辐射干燥的工作效率主要取决于两个因素：客体的温度和辐射能力。如果客体辐射能力足够强，即使在较低的温度下也能获得相同的辐射能量流。此外，通过增加发射体表面积的表面系数，也可以提高辐射效率。两个物体之间的视觉因子与它们之间的距离有关，因此较短的距离会有利于提高辐射功率。

图 8-1 亦显示了发射体温度对辐射效率的影响，即随着发射体温度的升高，

辐射的频率和波长分布也会向较短的波长方向移动。在实际应用中，通常将红外发射器安装在涂布站之后的第一个干燥位置，目的是快速提高纸幅的温度，以便快速脱水和固化涂料，同时避免涂料黏附到导纸辊或其他干燥设备上。纸幅的温度还会影响涂布质量，因此从这一角度来看，快速加热也是有益的。

基于辐射干燥原理开发的红外干燥器的优点包括：
①干燥器体积较小，便于安装在靠近涂布站的位置；
②在有限空间内，尤其是电红外干燥，能高效提升纸幅温度；
③其所具的良好的可控性有助于在断纸后快速调整最终水分；
④允许调整纸幅的横向水分分布。

然而，红外干燥器也有一些缺点：
①与其他干燥方式相比，运行成本较高，尤其是电红外干燥器；
②断纸时存在着火风险；
③高功率密度限制了可使用的排数，以避免质量问题；
④能源利用率较低。

纸幅的特异性质决定了有多少辐射能量将被纸幅吸收。湿涂层和原纸吸收辐射的典型波长为 $2 \sim 6~\mu m$。水在波长 $7.95~\mu m$ 和 $6.1~\mu m$ 处有最大的吸收率，而纤维在波长 $3 \sim 8~\mu m$ 之间吸收辐射的效果最佳。较短的波长（$0.75 \sim 2~\mu m$）要么通过纸幅传递，要么于纸面发生反射，部分被吸收。使用后反射器可以部分地反射传递中的辐射回纸幅。纸幅的定量是影响发射体效率和总能量中被纸幅吸收的比例的一个因素。有时，可以通过"面对面"安装发射体来提高干燥效率。在某些红外干燥器中，通过向纸幅吹风的空气循环系统可以增加干燥效率。但对于薄纸，这可能会导致纸幅不稳定。

## 8.1.2　电红外干燥器

20 世纪 80 年代起，电红外干燥器已成为纸张干燥领域的常见应用设备。这些干燥器采用的发射器主要是钨丝卤素灯，其工作温度被控制在 2260℃ 以内。发射的射线波长集中在 $0.8 \sim 2~\mu m$ 之间，这一波长范围取决于灯丝的温度；当灯丝温度达到 2200℃ 时，$1.2~\mu m$ 波长的射线能量达到最高。位于灯源后方的反射器负责引导射线照射到纸张上。有些系统为每个灯具配备独立的反射器，而其他系统则使用平板来反射来自多个灯具的能量。发射器通常涂有一层金或其他高比辐射率的材料。电红外灯与纸张之间由石英玻璃隔开，以防止灰尘附着于灯上和灯与纸幅直接接触，同时部分中波射线会被吸入玻璃中，最终散失在冷空气中。玻璃的清洁度越低，其吸收率越高，导致能量散失。部分射线在发射体和反射器之间扩散，并被它们吸收。

电发射器的发射效率通常在80%～85%之间，这是指红外波长传递的电能量部分。电发射器的有效功率密度一般为250～300 kW/m²，而使用效率更高的灯具或面对面安装灯具可望获得更高的密度（350～400 kW/m²）。干燥效率，即用于加热纸张或蒸发水分的电能量部分，通常在25%～40%之间。提高效率的方法包括使用后反射器、缩短发射器与纸张之间的距离、保持石英玻璃清洁以及优化冷空气的流量。

因为卤素灯和反射器设备上的一部分组件无法承受高温，因此必须对它们进行冷却。冷却空气的流量通常在10～20 m³/(h·kW)之间。电红外干燥产生的排气干燥且清洁，因此可作为空气干燥器的补充空气。某些电红外产品采用自身的空气循环系统，或通过空气喷嘴直接向纸张吹送冷风。如图8-2所示为电红外干燥器的基本装置，包括灯具、两个反射器和一个冷却系统。

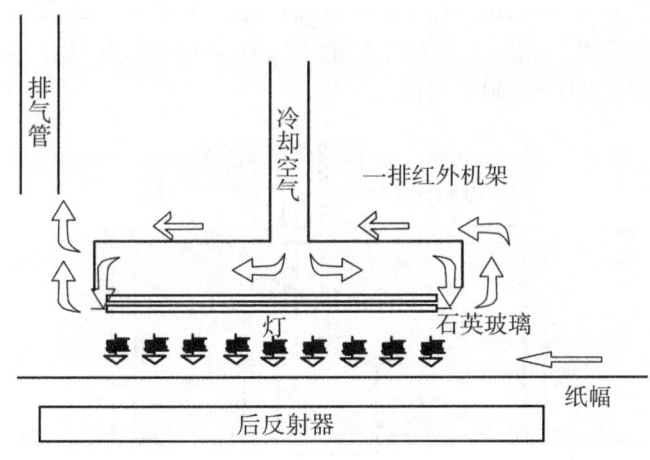

图8-2　电红外干燥器的基本装置

在纸张生产过程中，电红外技术通常用于横向水分调节。原纸在第一个涂布站之前进行调节，而涂布纸则在干燥部的非接触区域进行调节。横向调节区域的宽度通常为75 mm或150 mm，射线在此区域内覆盖纸张以实现水分调节。

### 8.1.3　燃气红外干燥器

自20世纪50年代起，造纸工业广泛采用以燃气为能源的红外发射器进行纸张干燥。燃气红外发射器的工作原理是利用气体燃烧产生的能量来维持发射器发射热射线的温度。燃气-空气混合物的燃烧过程产生的绝热温度在1940～1970℃之间，燃烧产物的能量通过对流传递到发射器，并将温度固定在

800～1100℃之间。发射器通常会在燃烧区前预先混合燃气与空气，然后通过喷嘴或多孔材料将混合物引入燃烧器。因为燃气混合物的流速大于火焰速度，发射器前的混合器也可以是分隔开的，以防止火焰进入混合室。燃气红外干燥器通常使用热敏继电器来监测燃烧器内部的加热情况，并利用火焰检测器进行检测以确保火焰在发射器表面燃烧。

燃气红外干燥器所用的燃气通常是液体丙烷和丁烷的混合物，或者是主要含有甲烷的天然气。发射器的材料可以是多孔陶瓷板、陶瓷纤维或金属纤维。在发射器前方，通常有一个陶瓷或金属网，它也会被燃烧生成物加热，并像发射器一样工作。燃烧器通常配备有空气循环系统，用于收集热的燃烧生成物和蒸发水分。图8-3展示了燃气红外干燥器的基本工作原理。该系统中燃烧生成物包含水蒸气和二氧化碳，这两种气体都能吸收热射线；因此，将它们从发射器与纸张之间的空间移除就可以提高干燥效率。部分循环空气用于保持较低的水分含量。有时，红外燃烧器也可以作为单纯的发射器使用，而不需要强制空气循环系统来蒸发水分。从燃烧器到周围大气范围内的燃气和混合空气在纸张表面上流动时是热的，温度范围在150～300℃之间。

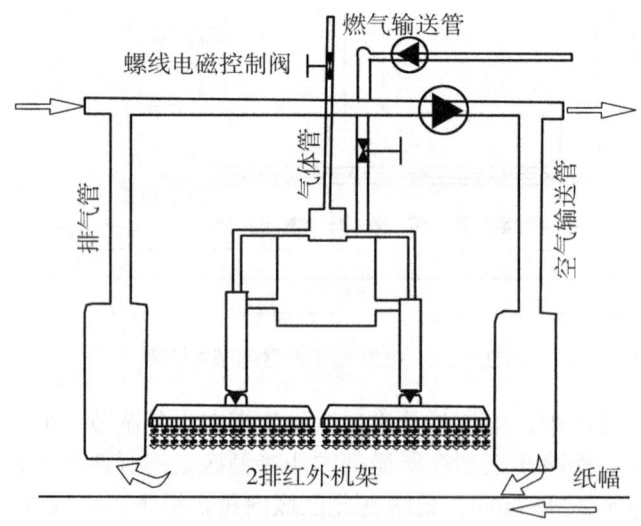

图8-3　燃气红外干燥器的基本工作原理

燃气发射器的表面温度通常在800～1100℃之间，发出的射线波长在1.5～2μm之间。燃气中传递到射线的能量占28%～55%，而保留在燃气中的能量部分只能部分被利用。引燃温度限制了燃气发射器在较低温度下的工作区域，同时发射器温度过低可能导致其无法保持燃烧激活能以及在较高温度下发射器材料的耐用性受到影响。燃烧空气压力的调节亦会影响燃气发射器的标称效率。

此外，燃气发射器也可以用于调节横向水分分布。调节区域的宽度大约为 140 mm。

## 8.2 空气干燥

涂布机使用的空气干燥器分为两种主要类型：气垫干燥器和单面气流冲击罩干燥器。气垫干燥器利用气流或气垫在纸幅两面支托纸张(图 8-4)。为了保持纸幅的稳定性和提高热传递效率，气垫喷嘴装置被专门设计出来。双面气垫干燥器因具出色的纸幅运行稳定性和适用性，而适用于各种纸幅速度和定量，在干燥涂布纸张的制备中得到广泛应用。

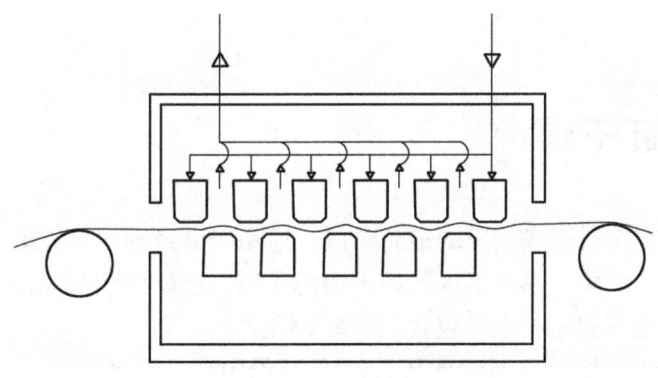

图 8-4 气垫干燥器简图

对于无需干燥未涂布面的情况，单面冲击式干燥器是理想的选择。这种干燥器适用于干燥涂布纸板和其他某些加工过程。纸幅通常由承托辊在反面支托(图 8-5)。干燥器下方可以设置辊子，以形成纸幅的直线或弧形走向。承托辊的配

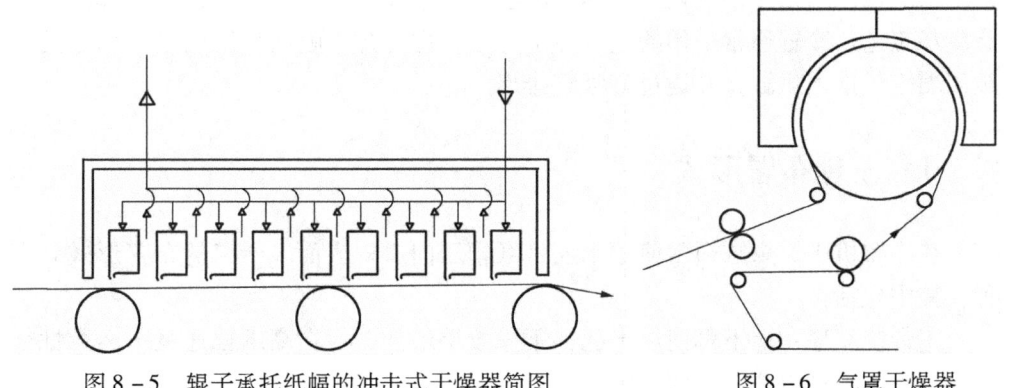

图 8-5 辊子承托纸幅的冲击式干燥器简图　　图 8-6 气罩干燥器

置在低纸幅速度和高纸幅强度的情况下有着显著的作用效果,这种干燥器在干燥涂布纸板中亦非常常见。另一种冲击式干燥器是气罩干燥器,纸幅由一个带有气流冲击罩的蒸汽加热烘缸承托(图8-6)。这种设备在过去的涂布干燥生产中非常普遍,但随着气垫干燥器的引入,人们对其的使用已逐渐减少。

在涂层未固化时,应避免机械与其接触。由于湿涂料可能会被破坏,所有导纸辊都应布置在未涂布侧。如果纸幅两面都进行涂布,可能会出现机械布置不合理或无法实现的问题。在这种情况下,通常会使用空气转向器装置。空气转向器中,纸幅由带有空气缓冲垫的弧形面承托。纸幅的张力产生一个力,将纸幅拉向空气转向器。这个力由空气缓冲垫中的过压平衡。当纸幅被拉向空气转向器时,空气缓冲垫的压力上升,从而保持纸幅与空气转向器之间的距离稳定(通常为10~20 mm)。在大多数情况下,空气转向器使用来自工厂内部的冷空气,对干燥效果影响较小。

## 8.3 烘缸干燥

烘缸干燥是涂料干燥过程的最后阶段,适用于已经固化且能够承受机械接触的涂层。在这一阶段,烘缸不仅起到干燥的作用,还能推动纸幅前进。在涂布机中,烘缸部分通常较短,一般包含2~6个烘缸。

当烘缸干燥应用于双面膜式压榨涂布过程中时,烘缸干燥部可能会相对较长。当涂布量较低(每面每平方米仅几克),干燥过程几乎完全在烘缸干燥部完成。然而,在大涂布量的情况下,为了实现纸幅的接触干燥,需要在烘缸前设置非接触式干燥装置。

此外,如果担心后续涂布站或卷纸机中纸幅的温度过高,烘缸的最后一个或两个烘缸可以用来冷却纸幅,即作为冷缸使用。在纸板机生产中,通常都需要设有冷却工艺。冷缸通常采用的是水冷却方式,即冷却水喷向烘缸内壁,用过的水被压缩空气推入烘缸,并通过虹吸管排出。

### 8.3.1 干毯布置形式

在涂布机中,烘缸通常使用干毯将纸幅压向烘缸表面。干毯的布置形式有多种,其中包括:

①传统双毯:上下都使用干毯,干燥效果最佳,但在高纸幅速度下运行性能不佳,且下毯难以清洁和清除损纸。

②单用上毯：仅在上部烘缸使用干毯，避免了下烘缸的清洁和去除损纸的问题，但损失了下部烘缸的生产能力。

③单用下毯：如果希望干燥纸幅是对着下烘缸的那面，这种布置形式也可行，尽管存在清洁和去除损纸的困难。

④滑雪式干毯：适用于高速涂布机，纸幅在整个过程中都由干毯承托，但在下烘缸上，干毯与烘缸面相隔开了，导致下烘缸的干燥效率下降。

### 8.3.2 干燥速率

涂布机中的烘缸部通常设置于纸幅已经相当干燥的工艺阶段，因此其干燥速率低于常规纸机烘缸组。烘缸的单位蒸发速率通常在 $3 \sim 6 \, kg/(m^2 \cdot h)$ 之间，受纸幅进出烘缸部时的水分含量影响较大。同时双面涂布的单位蒸发速率可能略高。干毯的布置形式也会影响干燥速率，如无毯覆盖烘缸的接触传热效率较差，尤其是在所处理的纸张是低定量纸张的情况下。

### 8.3.3 密封汽罩

涂布机的烘缸组常用开放式汽罩，它从上部覆盖烘缸部，但在操作侧、汽罩两端以及有时在传动侧亦开放，通常距离厂房楼面 $2 \sim 3 \, m$。这种开放式汽罩结构简单，便于接近烘缸组，但需要大量的抽风量，且大多数或全部抽风来自厂房。

相比之下，密闭汽罩主要用于避免能量损失，适用于烘缸规格较大或蒸发水量较大的情况。密闭汽罩覆盖从厂房楼面向上的全部烘缸部，操作侧配备升降门以便维护。

### 思考题

1. 讨论一下纸张涂布过程中的干燥系统。
2. 红外干燥的优缺点分别是什么？
3. 简述实际生产中使用热风干燥的原因。
4. 烘缸的干燥速率受哪些因素影响？

# 9 涂布纸的整饰

### 学习要点

- 硬压区压光
- 软压区压光
- 带式压光机

### 学习目标

- 理解压光的作用
- 了解硬压区压光、软压区压光和带式压光机
- 掌握压光机的主要组成

## 9.1 机外涂布纸压光

原纸在涂布后需要进行整饰处理，以达到理想的平滑度和光泽度。超级压光是最常用的整饰方法，但在这一过程中，涂布纸的厚度、挺度和不透明度可能均会略有下降。

以往在涂布生产线上，至少需要配备有两台超级压光机，原因是超级压光机的最高速度受到限制，一台超级压光机无法处理运行速度超过 1 500 m/min 的涂布机的生产量。这一限制的出现是由纸粕辊在高速运行时可能会产生过热的现象所致。

为了解决这个问题，目前生产上已开始采用新型聚合物覆面的软辊。这种软辊能够承受更高的速度，使得超级压光机能够与涂布机保持相同的运行速度。因此，当前已实现在一台超级压光机内便可完成超级压光的工作，提高了生产效率。

## 9.2 机外涂布纸预压光

预压光是指在涂布前对纸板进行的一种压光处理。

预压光包括湿压光、热压光、硬压光、软压光以及带式压光。

### 9.2.1 湿压光工艺

在北美地区，由于缺乏光泽烘缸，通常采用一组4～8辊的湿压光机组或干压光机组来实现预压光。在湿压光过程中，压光机水箱向纸板表面提供水分，同时努力保持纸板内部的干燥状态。如果纸板在进入压光机组前完全干燥，那么在纸板厚度方向（$Z$向）的水分含量梯度将更加有效和稳定。然而，水分向纸板的渗透受到纸板结构、透气性和吸收性的影响，这些影响因素在湿压光机组中难以得到精确控制。此外，湿压光机组的多压区结构可能导致纸板松厚度出现非必要的降低。

### 9.2.2 热压光工艺

现代压光机中的加热辊的作用用于软化纸板表面的纤维，以使纸面达到更好的平滑效果。当纸板幅进入热压光区域时，如果其温度低于加热辊的温度，会在纸幅$Z$向形成一个温度梯度。这种热压光方法能够使成品在保持一定松厚度的同时，亦获得出色的平滑度，与其他预压光技术相比具有优势。

此外，与湿压光相比，热压光不仅可提高生产能力和效率，还有助于节省能耗，因为进入压光机的纸板幅含有较高水分，无需在压光后额外进行干燥处理。

### 9.2.3 硬压光和软压光

当前，纸板生产线上采用带有加热硬压区的预压光工艺的情况已经非常普遍，这主要是因为这种工艺能够使成品实现良好的平滑度、最小的松厚度，获得优秀的运行性能以及出色的厚度分布。

软压光机压区提供的密度一致性使其成为厚度分布功能的首选，而硬压区则更适合用于厚度控制。一种常见的预压光方案是在涂布前采用加热硬压区和加热软压区的组合。在这种情况下，低压区的硬压区主要作用是控制成品厚度，而绝大多数的预压光任务由软压光区承担，它能在涂布前提供均一的平滑度和吸收性能。由于硬压区首先作用，其亦可有助于防止在后续的软压区作业期间所可能产生的因配料缺陷引起的黏辊问题。

高质量涂布纸板对不均匀吸墨性（即色调不均）非常敏感。过度的压光不仅会导致松厚度和挺度的损失，还会影响涂布覆盖率。与硬压区压光机相比，软压区压光机能够提供更为一致的压力分布。因此，在纸板幅中含有多纤维絮凝块（如由成形不良引起）或杂质（与废纸纤维处理有关）的区域，应避免出现压力高峰，因为这些絮凝块和杂质有可能在硬压区压光后通过涂层显现出来。

### 9.2.4 带式压光

#### 9.2.4.1 概述

带式压光的概念是：一张平滑的金属织物和一组热辊在纸机纵向一米长的压区对纸页进行两面压光。

图9-1所示为珠海红塔仁恒纸业有限公司旧的硬压光机被ValZone钢带压光机取代。

(a) 旧　　　　　　　　　　　(b) 新

图9-1　旧的硬压光机被ValZone钢带压光机取代
（图片来源：珠海红塔仁恒纸业有限公司）

#### 9.2.4.2 主要组成

带式压光机的主要组成部分及其特性如图9-2所示。

(1)可加热钢带(金属钢带):

①厚度:0.8 mm。

②材质:高强度。

③表面特性:与热辊一致。

④维护:日常维护期间可更换。

(2)锻钢热辊(加热辊):

①强度:优良。

②加热方式:油加热,热功率高。

③温度分布:纵横向均良好。

④动态特性:出色。

(3)中高补偿Sym辊(横幅调节可控中高辊):

①线压:相对于常规压光机较低。

②横幅特性:优良。

③加压方式:自加压,无需独立加压缸。

④技术可靠性:已经过实践验证。

(4)钢带导辊:

①加热:采用常规热辊技术加热两根导辊完成。

②热功率:高。

③直径:大。

④动态特性:良好。

主要组成:
A. 金属钢带(1)
B. 加热辊(2)
C. 横幅调节可控中高辊(3)
D. 钢带导辊(4)
E. 纸幅(5)

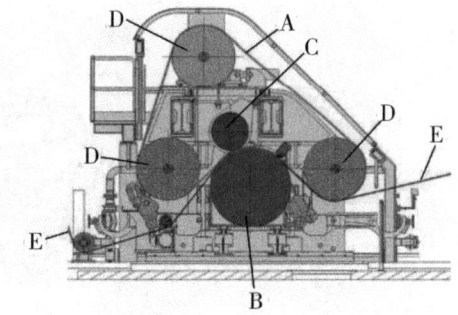

注: 线压力　　5~70 kN/m(典型30~50 kN/m)
　　表面温度　170℃

图9-2　带式压光机的主要组成

#### 9.2.4.3 主要优势

带式压光机的主要优势在于其具备独特的压光和塑化技术,如图9-3所示,这有助于提高涂布质量并降低原料成本。以下为详细的优势分析。

(1)压光时间延长:带式压光机的压光持续时间可在60～200ms之间,远超软压光机的100倍和靴式压光机的4～15倍。

(2)塑化过程更高效:

①这种长持续时间的压光模式结合了高热能量和低压区压力(0.2Mpa)处理条件,实现了最佳的热传递和较低的比压。

②可获得更优的涂布量分布和卓越的大规格粗糙度。

(3)原料成本降低:由于提高了松厚度和抗弯挺度,可以在保持相同物理强度的情况下降低纸板的定量,从而减少了原料成本。

(4)印刷性能提升:减少了印刷过程中的花斑现象,提高了涂层的均匀度。

(5)纸板外观得到改善:带来了更均匀的表面特性,包括平滑度和厚度分布。

(6)提高生产效率:消除了湿压光机的速度限制,使涂布纸板机的产量提高20%～40%。

(7)优化产品密度:增加5%～10%的松厚度和挺度,可以减少3%～6%的定量,提高每吨原料的生产面积。

(8)快速投资回报:如ValZone工艺的投资回收期大约为两年,而金属织物的预期寿命为一年。

总体而言,带式压光机通过其创新性的压光和塑化技术,不仅提高了涂布纸板的质量,还降低了生产成本,提高了生产效率。

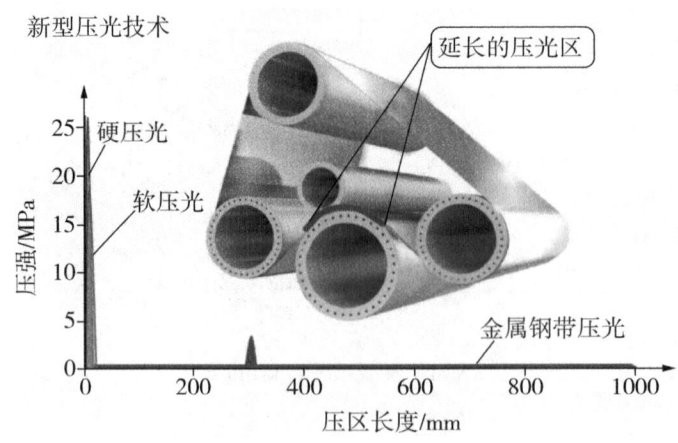

图9-3 带式压光机压光技术

## 思考题

1. 什么是预压光?
2. 带式压光的主要优势有哪些?
3. 压光对涂布纸的白度和不透明度有什么影响?为什么?
4. 讨论不同类型的压光机。

# 10 涂布纸物理指标及常见纸病

### 学习要点
- 涂布纸物理指标
- 常见纸病

### 学习目标
- 了解涂布纸的各项物理指标
- 理解涂布纸物理指标的测试原理
- 掌握常见的纸病的识别方法并学会分析产生纸病的原因

## 10.1 涂布纸物理指标

与涂布相关的物理指标有：光泽度、粗糙度、平滑度、透气度、干拉毛强度。以下将从定义上简述指标的意义及相关影响因素。

### 10.1.1 光泽度

纸张的光泽度是指纸张镜面反射光能力与完全镜面反射能力的接近程度，也表示纸张表面受入射光照射后，按一定角度反射的程度。涂布纸和纸板一般用75°光泽度测定法，该测定方法也可用于未涂布纸及纸板或低印刷光泽度的纸及纸板印样。光泽度测试原理如图10-1所示。

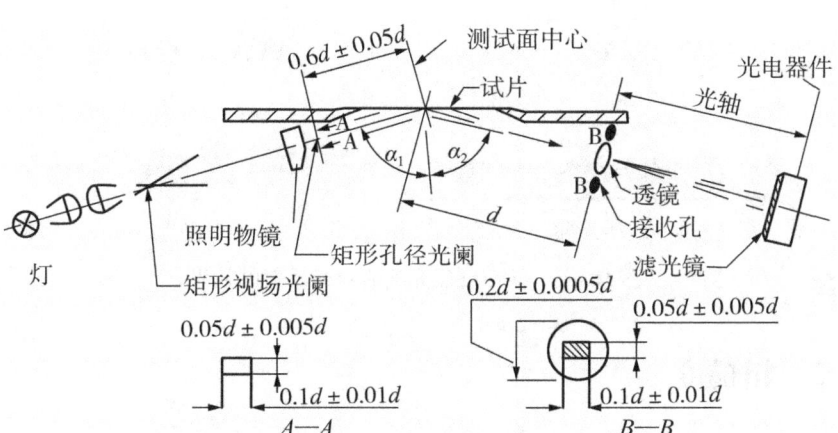

图 10-1 光泽度测试原理图

常见纸张光泽度从低到高的顺序为：非涂布纸→轻涂纸→白板纸/白卡纸→铜版纸→铸涂纸。

影响纸张光泽度的因素包括以下几方面：

(1) 颜料种类、粒径：同等粒径情况下，碳酸钙为颗粒球形结构，而高岭土为片状菱形结构（图 10-2）。因此，在涂料配方中增加高岭土的添加分数，可以显著提高成品纸张的光泽度。同一种颜料，小于 $2\mu m$ 粒径的粒子含量越高，赋予纸张的光泽度将越高。

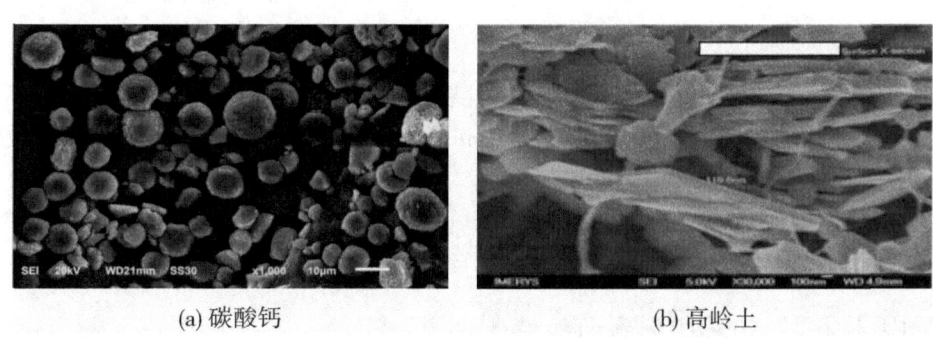

(a) 碳酸钙　　　　　　　　　　(b) 高岭土

图 10-2　颜料粒子电子显微镜图

(2) 涂布量：一般情况下，涂布量的增加可以填平纸张表面的纤维空隙及提高纸张的光泽度，尤其是提高面涂涂布量，其影响更显著。

(3) 软压光：软压光对纸张涂层有塑化整饰作用，适当提高进压光机纸张水分，以及增加压光机压力以及温度，可以显著提高纸张的光泽度与平滑度。涂布纸压光前后光反射效果区别如图 10-3 所示。

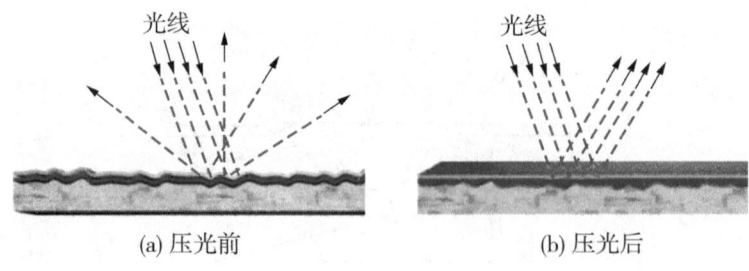

图 10-3 涂布纸压光前后对光反射的效果

## 10.1.2 粗糙度

粗糙度直接影响着纸板印刷、覆膜、镀膜等后道加工工序的效果。纸板表面粗糙度主要分为宏观表面粗糙度和微观表面粗糙度。宏观表面粗糙度主要影响印刷油墨的流平性。宏观表面粗糙度较低的纸板利于油墨的流平及覆盖,能使印刷面拥有更高的油墨光泽度。微观表面粗糙度主要影响印刷效果。微观表面粗糙度小的纸板在压印时,能最大限度地与印版或橡皮布接触,实现完整、均匀的油墨转移,转印的墨层实在,墨层密度高,小网点再现性好。微观表面粗糙度大的纸板压印时,墨层印不实,需加大印刷压力,进而造成网点扩大与变形问题,从而影响图像阶调层次与色彩,严重时甚至出现印件字迹缺笔断画、网点空虚、印迹干瘪无光泽等不良后果。下面主要介绍3种常用的粗糙度测试方法及其原理。

### 10.1.2.1 本特森粗糙度

本特森粗糙度:指在特定的试验条件和操作压力下,测试通过探测头的环状平面与纸面间的空气流速,单位以 mL/min 表示。数值越大,表面越粗糙;数值越小,表面越平滑。

原理:纸样夹在玻璃和一金属环间,由封闭的测头端输入规定气压的空气,测量通过测量面空气的流量,流量越大,纸面越粗糙,反之越平滑。

### 10.1.2.2 帕克印刷表面粗糙度

帕克印刷表面粗糙度简称 PPS 粗糙度(Parker Print Surf Roughness):指在特定的压力条件下,纸或纸板表面与测量环平面之间的平均缝隙。其单位以微米($\mu m$)表示。数值越小,表面越平滑;数值越大,表面越粗糙。

原理:在规定条件下,纸、纸板表面与移动宽带圆环接触,在一定接触压力下,纸面与测试环之间的平均缝隙,单位以 $\mu m$ 表示。技术参数:测量范围:0.6~6 $\mu m$;测试压力:490 kPa、980 kPa、1960 kPa;测量头环宽度:0.051 mm;

衬垫：橡胶（标准型）、软木（高质量胶印纸）。

优点：①操作简单，测量快速；②测试精确，稳定性好；③测试结果直观反映表面粗糙程度；④可直观得出所需墨层厚度（墨层厚度为 2～2.5 * PPS 值）；⑤与实际印刷效果对应性好，可用于测试不同印刷方式压力下的粗糙度；⑥采用橡胶衬垫，极大减小高透气性纸样对测试结果的影响。

缺点：①价格昂贵，维护费用高；②对运行环境要求条件高。

影响因素：①原纸的平整度。进入涂布之前的纸页平整度越高，涂布后纸面就会越平整细腻，纸张 PPS 越小。②涂料的流变性和保水性。涂料的流变性和保水性能越好，纸张涂布流平好，涂布后纸张 PPS 越小。③涂布头的刮刀角度与加载压力。涂布头的刮刀角度与加载压力也会影响纸张 PPS，实际工艺中一般会根据刮刀的性能与磨损情况而对其作调整。④涂布量和面底涂布比例。涂布量越大，纸张 PPS 越小。适当提高面底涂布比例，也能降低 PPS。

#### 10.1.2.3　HELIO 海里奥粗糙度

HELIO 海里奥粗糙度测试属于印刷法，主要由 IGT 公司主导，由 IGT 测试仪及海里奥凹印试验附件进行测试，如图 10-4 所示。广泛应用凹版印刷的漏点测试，是烟卡等高档印刷品的必测项目之一。

该方法是测量在标准纸样上出现 20 个印刷漏点的距离，单位为毫米（mm）。纸张越粗糙，第 20 个漏点就出现越早，长度就越短。值越大，表示印刷适性越好。

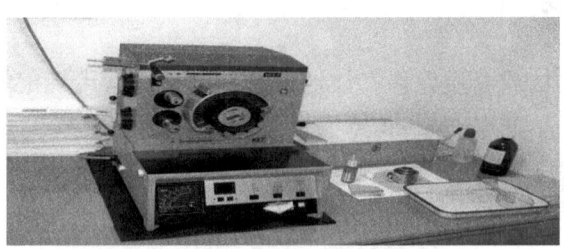

图 10-4　IGT 测试仪及海里奥凹印试验附件

### 10.1.3　平滑度

平滑度是指纸张表面平整光滑的程度，通常用在一定真空度下，使一定容积的空气量在一定压力下通过试样表面和玻璃面之间的间隙所需的时间来表示，单位为秒（s）。平滑度测试仪如图 10-5 所示。

图 10-5 平滑度测试仪

纸张表面平滑度越高,空气流入的时间就越长;反之,平滑度低,空气流入的时间就短。

影响因素:

①原纸浆料的松厚度。原纸浆料松厚度越高,纤维之间的空隙越大,成纸的平滑度越高。

②表面施胶上胶量。增加表面施胶上胶量,纤维表面空隙被填平,可使纸张平滑度提高。

③硬压光与软压光压力。硬压光与软压光压力越大,涂层越平整,平滑度越高。

## 10.1.4 透气度

透气度是指物体或介质允许气体通过的程度,通常用规定的条件下,在单位时间与单位压差下,单位面积纸与纸板所通过的平均空气流量来表示,单位为 mL/min。其相关检测仪器与 PPS 测试仪通用,但测定不同的指标时需要更换测试探头。如图 10-6 所示为透气度测试仪。

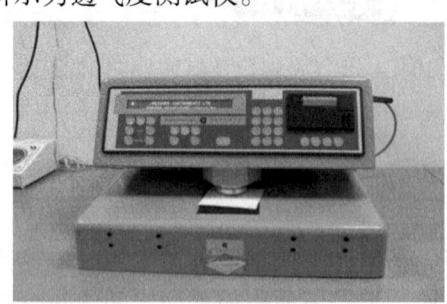

图 10-6 透气度测试仪

影响因素：

①原纸浆料松厚度及填料的使用量。原纸浆料松厚度越高，纤维之间的空隙越大，成纸的透气度越大。加大填料使用量，会使纸张的透气度降低。

②表面施胶上胶量。表面施胶上胶量增加，纤维表面趋于封闭，会使纸张的透气度降低。

③涂布工艺。纸张经涂布后，其透气度也会降低。涂布量越大，透气度越低。

④硬压光与软压光压力。硬压光与软压光压力越大，纸张与涂层越为紧密，也会使透气度降低。

⑤涂层中的胶黏剂越多，颜料粒径越小，涂层越为封闭，成纸透气度越低。

## 10.1.5 干拉毛强度

拉毛是指在生产或印刷过程中，当施加在纸张表面的外部拉力超过纸或纸板的内聚力时，纸面层发生的破坏现象。对于涂布纸，这种破坏会导致涂层颗粒或纤维部分或全部从纸面脱落。形成"起泡"或"起毛"现象。对于未涂布纸，破坏形式则通常是纤维束的剥离。拉毛速度特指印刷时，印刷纸表面开始起毛时的印刷速度。干拉毛强度，也称为印刷表面强度，是指连续增加印刷速度，开始起毛时的速度以 m/s 为单位表示。可以模拟胶印过程中的纸张强度是否合适。如图 10-7 所示为干拉毛强度测试仪。

图 10-7 干拉毛强度测试仪

影响因素：

①原纸纸张强度越高及表面施胶上胶量。原纸强度越高，起泡速度越高。增加表面施胶上胶量也可以提高起泡速度。

②涂料中的胶乳含量。涂料中的胶乳含量越高，涂层强度越好，干拉毛测试的拉毛速度越高。

③涂布量。降低涂布量，也可以提高纸张的干拉毛强度。

## 10.2 常见纸病

涂布纸常见纸病有刮刀痕、漏涂、带料、针孔、光斑、短胖窜条等。下面介绍这几种常见的纸病及相应的预防措施。

### 10.2.1 刮刀痕

刮刀痕常指涂布过程中由于杂质或者刀口有缺陷，而在涂层上留下的痕迹。其通常已经伤及涂层。面涂刮刀痕，可以明显看到刮痕。底涂和芯涂刮刀痕，虽有面涂覆盖，也会留痕，但留痕处会比其他地方暗。

产生的主要原因：涂料中的杂质卡在供料系统及上料系统中，涂料中的杂质未能被完全筛除，这些杂质嵌在刮刀口处而于涂布过程中在纸面上留下条痕。

预防措施：
①在涂料制备过程中，各原料经过滤袋筛滤后再进入制备系统。
②涂料供涂布工作槽时，可以使用管道过滤器。
③涂布上料系统增加 80～120 mm 缝隙压力筛。

### 10.2.2 漏涂

漏涂是指本该涂布的位置少一层涂布，通常表现为涂层出现条状椭圆的暗斑，纸面色泽暗淡无光，涂层疏松，表面相对粗糙。

产生的主要原因：涂布机在上涂过程中，上料辊与背辊之间的间隙不合适，造成漏涂问题。

预防措施：
①根据纸张的克重厚度，降低上料辊与背辊的间隙。
②减少涂料起泡。

### 10.2.3 带料

带料是指涂料被带到了纸幅上。
产生的主要原因：

①第一种情况是单点带料，主要是由纸幅较大的孔洞造成的涂料带上干网或压光辊辊面后，涂料块带上纸幅造成的。

②第二种情况横幅带料，主要是由上涂过程中，上料辊上的涂料甩上纸幅所造成的。

预防措施：

①在纸张抄造过程中，减少纸洞的产生。

②降低上料辊的速度，以及调整涂布挡边。

## 10.2.4 针孔

针孔指涂层出现小针孔、小凹坑。

产生的主要原因：涂料泡沫多，涂料黏度较大或面涂涂布量较大。

预防措施：

①控制胶乳、润滑剂等进货时的起泡程度。

②适当增加涂料制备消泡剂用量，减少涂料中的细小气泡。

③适当降低面涂涂布量。

## 10.2.5 光斑

光斑是指当纸张对着光观看，涂层上所出现的明暗不一的不规则斑点。

产生的主要原因：面涂布不均，芯涂覆盖效果不好，面涂或衬涂涂布量过大，涂层不干，导致蹭出斑点。

预防措施：

①提高涂料保水性能。

②根据涂布量，调整干燥能力。

③合理分配涂布量，避免出现单层过大或者过小的情况。

## 10.2.6 短胖窜条

短胖窜条是指涂层有软杂质带过的痕迹，有头尾，头部较大，带一尾巴。

产生的主要原因：涂料纸毛等细小软杂物含量多，涂料黏度大。

预防措施：

①降低涂料黏度，提高涂料流动性。

②增加涂布压力筛排渣频率，减少系统纸毛含量。

③适当降低上料辊速度。

## 思考题

1. 涂布纸的各物理指标该如何测定？
2. 了解常见纸病产生的原因。

# 11 实验室实训项目

**学习要点**
- 颜料的分散
- 涂料的配制和评价
- 纸张涂布

**学习目标**
- 理解颜料分散的基本原理
- 了解涂布的工艺和设备
- 掌握颜料的分散的操作方法
- 掌握配制涂料的操作方法
- 掌握纸张涂布的操作方法

## 11.1 颜料的分散

1. 实训目的

（1）了解颜料是非牛顿液体的概念，通过添加分散剂，改变颜料的电性，从而使颜料实现充分分散，适用于涂料的配制。

（2）掌握颜料物理分散的步骤以及分散剂的使用在颜料分散中的作用。

2. 基本原理

对颜料分散体施加机械力，可以克服粒子之间的吸附和聚集作用，从而使颜料均匀分散且使涂料具有良好的加工性能和流动性。在颜料的机械分散过程中应加入分散剂，避免颜料粒子在机械力撤销之后发生再集结和吸附。

颜料分散剂的分散作用一般分为3个步骤，包括润湿、分散和稳定。第一步为润湿，润湿过程中，颜料表面的空气和水汽被树脂溶液替换，固/气两相（颜料/空气）转换成固/液两相（颜料/水）。分散剂尤其是低分子型的润湿分散剂能加快润湿的进程。第二步，分散。分散过程中主要依靠的是机械能的作用（冲击和剪切力），颜料的团聚态被打碎成较小的微粒，成为分散状态（均匀分布）。第三步是稳定的过程。分散剂用于保持颜料分散状态的稳定，阻止失控的絮凝，并依据颜料表面所吸附的黏结剂种类和分子结构，促使悬浮液获得稳定状态。分散剂尤其是高分子分散剂对颜料粒子的稳定起了很大作用。分散剂的作用机理简图如图 11-1 所示。常见颜料分散剂的种类和适用范围如表 11-1 所示。

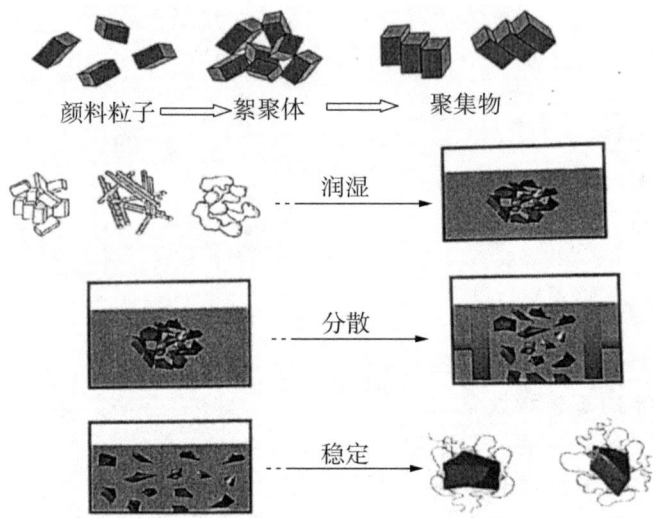

图 11-1　分散剂的作用机理简图

表 11-1　常见颜料分散剂的种类和适用范围

| 分散剂种类 | 适用范围 |
| --- | --- |
| 多磷酸盐（六偏磷酸钠、焦磷酸钠等） | 高岭土、$CaCO_3$、$TiO_2$ 及一般无机颜料 |
| 聚丙烯酸钠 | 高岭土、碳酸钙、缎白、硫酸钡等 |
| 干酪素、豆酪素 | $CaCO_3$、缎白及一般无机颜料 |
| 羧甲基纤维素（CMC） | $CaCO_3$、缎白 |
| 羧甲基淀粉 | $CaCO_3$、缎白 |
| 氧化淀粉 | 缎白 |
| 木素磺酸钠 | $CaCO_3$ |
| NaOH | 对阳离子稳定的高岭土 |
| $Na_3PO_4$ | 对阳离子稳定的高岭土、$TiO_2$ |
| 阿拉伯树胶 | 缎白、钛白粉 |
| 非离子表面活性剂 | 缎白、滑石粉 |

3. 原料和设备

（1）仪器设备：精密电子天平、分析天平、高速分散机（图 11-2）、旋转黏度计。

（2）原料及药品：分散剂（六偏磷酸钠）、高岭土、碳酸钙。

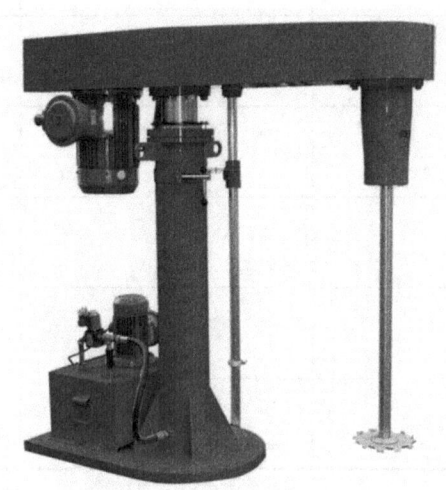

图 11-2　高速分散机

4. 实验步骤

（1）称量高岭土或碳酸钙 300 g，蒸馏水 200 mL。

（2）将称量好的蒸馏水加至高速分散机的分散桶内。启动设备，加速至 5 000 rpm。

（3）称取分散剂 0.3%～0.5%（以颜料绝干量计），使其与水充分混合。随后用漏斗缓慢向分散桶内加入高岭土或碳酸钙。

（4）添加过程中高速分散机的速度控制在 1 000～2 000 rpm，颜料添加完后，将转速调整到 5 000 rpm；在高速分散机中进行分散，直到颜料在水中分散成为可流动的流体。

（5）分散 30 min 后，将流体置于烧杯中保存待用。

5. 实验数据

请把实验数据记录在表 11-2 中。

表 11-2  颜料分散实验数据

| 颜料名称 | 颜料用量 /g | 分散剂名称 | 分散剂用量 /g | 高速分散机 分散速度/rpm | 分散时间 /min | 黏度 /mPa·s |
|---|---|---|---|---|---|---|
|  |  |  |  |  |  |  |
|  |  |  |  |  |  |  |
|  |  |  |  |  |  |  |
|  |  |  |  |  |  |  |
|  |  |  |  |  |  |  |
|  |  |  |  |  |  |  |
|  |  |  |  |  |  |  |

6. 结果分析

## 11.2 涂料的配制和评价

1. 实训目的
①掌握颜料涂布纸涂料的配制操作方法。
②掌握涂料的质量评价方法。

2. 基本原理

（1）涂料的配方：
①颜料占 75%～90%，胶黏剂占 10%～25%，其他添加剂按具体的用途、要求和调制情况而定。
②配方的设计主要考虑两个参数：涂料的固含量和黏度。涂料一般固含量为 30%～70%，其中 30%～50% 属于低固含量涂料，50%～70% 属于高固含量涂料。应根据涂布机形式、涂布速度、涂料成分及黏度而具体选择，见表 11-3。

表 11-3 不同涂布方式的固含量和涂料黏度的要求

| 涂布方式 | 固含量/% | 黏度/mPa·s | 涂布量/(g·m$^{-2}$) |
|---|---|---|---|
| 气刀 | 30～40 | 25～500 | 10～30 |
| 计量棒 | 35～55 | 50～500 | 3～7 |
| 刮刀 | 50～60 | 1 000～4 000 | 8～15 |

（2）涂料的配制方法：
涂料的常规配制方法包括颜料分散液的制备、胶黏剂胶液的制备和涂料的混合调制。

3. 原料和设备

（1）仪器设备：精密电子天平、分析天平、高速分散机（图 11-2）、旋转黏度计。
（2）原料及药品：颜料（高岭土）、胶黏剂（丁苯胶乳）、分散剂、耐水剂（三聚氰胺甲醛树脂）、增白剂（荧光增白剂）、消泡剂（辛醇）、润滑剂（硬脂酸钙）。

4. 实验步骤

（1）称取各种原料，参照表 11-4"涂料参考配方"进行配制。
（2）颜料分散液的制备：详见 11.1。
（3）胶黏剂胶液的制备：胶黏剂的制备过程，实际上就是一个降解和降黏过程，使胶黏剂的分子量和黏度降低，便可达到使用的目的。①商品胶乳的浓度在

50%左右时便可直接用于配制涂料。②需要现场配制胶液的是固体胶黏剂。

（4）涂料的混合调制：①先在涂料混合器中加入少许水，开动搅拌器，加入白料液，再加胶黏剂胶液，最后加消泡剂和防腐剂等助剂。②过程中不断搅拌，注意不应带入空气。③涂料制备完毕后，要经180～200目筛过滤，放入涂料贮存桶中备用，3～4小时内用完，不能久置。

（5）测定配制好的涂料黏度及固含量。

表11-4 涂料参考配方　　　　　　　　　　　　　　单位：份

| 涂料组分 | 纸种 | | | | | |
| --- | --- | --- | --- | --- | --- | --- |
| | 铜版纸 | | 胶印涂布纸 | | 凸印涂布纸 | |
| | 气刀式 | 刮刀式 | 气刀式 | 刮刀式 | 气刀式 | 刮刀式 |
| 高岭土 | 70 | 90 | 80 | 70 | 90 | 90 |
| 碳酸钙 | — | 10 | 5 | 30 | 20 | 10 |
| 硫酸钡 | 20 | — | — | — | — | — |
| 缎白 | 10 | — | 10 | — | — | — |
| 有机分散剂 | — | 0.3 | — | — | — | 0.3 |
| 多磷酸钠 | 0.45 | — | 0.3 | 0.5 | 0.3 | — |
| 干酪素 | 15 | — | 15 | — | — | — |
| 豆酪素 | 3 | — | — | — | — | — |
| 丁苯胶乳 | 6 | 14 | 7 | 11 | — | 8 |
| 氨水 | 2 100 | — | 1 800 | — | — | — |
| 碳酸钠 | 0.45 | — | — | — | — | — |
| 氢氧化钠 | 0.5 | 0.4 | 0.1 | — | — | — |
| 消泡剂 | 必要量 | 必要量 | 0.3～0.5 | 适量 | 必要量 | — |
| 防霉剂 | 必要量 | 必要量 | 必要量 | 适量 | — | — |
| 抗水剂 | — | 适量 | — | — | 必要量 | 适量 |
| 氧化淀粉 | — | 2 | 必要量 | 3 | 20～25 | 10 |
| 硬脂酸钙 | 必要量 | 适量 | — | 0.5 | 适量 | 适量 |
| 固含量/% | 38 | 55～65 | 35～40 | 55～65 | 35～40 | 55～62 |

5. 实验数据

请把实验数据记录在表11-5中。

表 11-5 涂料的配制和评价实验数据

| 组分名称 | 用量/g | 黏度/mPa·s | 固含量/% |
|---|---|---|---|
|  |  |  |  |
|  |  |  |  |
|  |  |  |  |
|  |  |  |  |
|  |  |  |  |
|  |  |  |  |
|  |  |  |  |

6. 结果分析

## 11.3 纸张涂布

1. 实训目的

①掌握纸张涂布的步骤，并熟练掌握涂布操作。

②掌握涂布纸质量检测的步骤，并熟练掌握操作。

2. 基本原理

上料辊将过量的涂料涂布于纸面上，涂料中的水分和胶黏剂由涂料向原纸迁移，从而导致靠近两者界面处的涂料固含量增高，形成半干或塑性物质。这时涂料固含量沿 $Z$ 向产生梯度变化。从表面至纸面，涂料从流态转换为半塑性状态。

当涂层通过计量区时，计量元件对涂料产生剪切作用，使尚处于流态的表层涂料受到剪切作用被计量元件从原纸上除去，留在纸面上的涂料形成类似于滤饼的塑性涂层。剪切位置是随计量元件的工作参数的变化而变化的。当计量元件的剪切作用较大时，原纸上所形成的涂层就较薄，反之就会留下较厚的涂层。

计量后涂层上的涂料仍有一定的流动能力，通过涂布机上整饰元件的整饰作用或涂料本身的流平作用便可得到要求的涂层质量。涂层的形成原理图如图 11-3 所示。

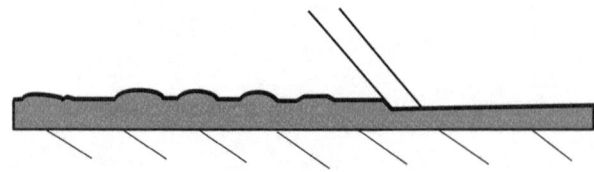

图 11-3　涂层的形成原理图

3. 原料和设备

(1)仪器设备：自动刮棒涂布机（图 11-4）。

(2)原料及药品：原纸、配制好的涂料。

图 11-4　实验室自动刮棒涂布机

## 11 实验室实训项目

4. 实验步骤

①将原纸夹好在涂布板上,取适量涂料均匀倒在纸上,用刮棒刮涂。

②取出涂好的纸,将其进行干燥处理。

③测定涂布纸的涂布量、白度、不透明度、表面吸收性、光泽度、平滑度、抗张强度、挺度等性能指标。

5. 实验数据

请把实验数据记录在表 11-6 中。

表 11-6 涂料的配制和评价实验数据

| 编号 | 涂布量 /(g·m$^{-2}$) | 白度 /% | 不透明度 /% | 表面吸收性 /(g·m$^{-2}$) | 光泽度 /% | 平滑度 /s | 抗张强度 /(N·m$^{-1}$) | 挺度 /(mN·m) |
|---|---|---|---|---|---|---|---|---|
| 1 | 空白对照 | | | | | | | |
| 2 | | | | | | | | |
| 3 | | | | | | | | |
| 4 | | | | | | | | |
| 5 | | | | | | | | |
| 6 | | | | | | | | |

6. 结果分析

## 参考文献

[1] ESA L. 纸张颜料涂布与表面施胶[M]. 曹邦威译. 北京：中国轻工业出版社, 2005.

[2] ESA L. Pigment coating and surface sizing of paper[M]. Helsinki, Paper Engineers'Association/Paperi ja Pnn Oy, 2000.

[3] HELMUT K. Handbook of print media: technologies and production methods[M]. Spring-Verlag Berlin Heidelberg New York, 2001.

[4] 张美云. 加工纸与特种纸[M]. 3版. 北京：中国轻工业出版社, 2010.

[5] MARTTI T, PEKKA S. Pigment coating[M]. Su Zhou: Styron S/B Latex Zhangjiagang Company Ltd, 2011.

[6] 日本东京大学小暮研究室. Kaolin Minerals[EB/OL]. [2023-12-31]. http://www-gbs.eps.s.u-tokyo.ac.jp/kogure/egallery/egallery-kao.html.

[7] 杨长军. 涂布纸板表面粗糙度检测方法综述及其对后续加工的指导意义[J]. 中华纸业, 40(6): 6-13.

[8] MERRIAM, G. & C. Webster's New Collegiate Dictionary[M]. New York: Merriam, 1974.